高等学校“十三五”规划教材

电子技术及其应用基础练习册

吴 佳　石 磊　主编

化学工业出版社

·北 京·

本书是为了配合《电子技术及其应用基础》（孙晓艳主编，化学工业出版社出版）课程教学而编写的练习册。

本书分为模拟电子技术与数字电子技术两部分，共7章，内容包括常用半导体器材、单元电子电路、集成运算放大器、直流稳压电源、组合逻辑电路、时序逻辑电路、模/数混合器件与电子系统。习题类型主要包括填空、选择、判断、问答、分析和计算等。

本书可作为电类专业的电路、模拟电子技术、数字电子技术与非电类专业的电子技术基础等课程教学使用。

图书在版编目（CIP）数据

电子技术及其应用基础练习册/吴佳，石磊主编. —北京：化学工业出版社，2017.12（2025.2重印）

高等学校“十三五”规划教材

ISBN 978-7-122-30915-0

Ⅰ.①电… Ⅱ.①吴… ②石… Ⅲ.①电子技术-高等学校-习题集 Ⅳ.①TN-44

中国版本图书馆CIP数据核字（2017）第266824号

责任编辑：王听讲

责任校对：王素芹　　　　装帧设计：韩　飞

出版发行：化学工业出版社（北京市东城区青年湖南街13号　邮政编码100011）

印　　装：北京科印技术咨询服务有限公司数码印刷分部

787mm×1092mm　1/16　印张8¾　字数213千字　2025年2月北京第1版第5次印刷

购书咨询：010-64518888　　　　售后服务：010-64518899

网　　址：http://www.cip.com.cn

凡购买本书，如有缺损质量问题，本社销售中心负责调换。

定　　价：22.00元

前　言

本书是为了配合《电子技术及其应用基础》（孙晓艳主编，化学工业出版社出版）课程教学而编写的练习册。

本书按照配套教材的章节顺序编排，所选习题难度适中，循序渐进，符合学生的认知规律，同时融入日常生活和生产实践的应用实例，使学生在学习理论知识的同时，能通过习题更好地理解和掌握电子电路的基本概念，培养分析问题和解决问题的能力。

本书分为模拟电子技术与数字电子技术两部分，共7章，内容包括常用半导体器材、单元电子电路、集成运算放大器、直流稳压电源、组合逻辑电路、时序逻辑电路、模/数混合器件与电子系统。习题类型主要包括填空、选择、判断、问答、分析和计算等。

本书可作为电类专业的电路、模拟电子技术、数字电子技术与非电类专业的电子技术基础等课程教学使用。

本书由无锡职业技术学院吴佳、石磊主编，无锡职业技术学院张卉也参与了编写工作。

电子技术发展日新月异，加上编者水平有限，书中疏漏之处在所难免，恳请使用本书的老师和同学批评指正。

编　者

目　录

第 1 章　常用半导体器材 1

1.1　半导体基础知识 1
1.2　半导体二极管 2
1.3　晶体三极管 8
1.4　场效应管 11
1.5　晶闸管 15

第 2 章　单元电子电路 17

2.1　放大电路概述 17
2.2　基本放大电路 18
2.3　差分放大电路 33
2.4　功率放大电路 35

第 3 章　集成运算放大器 39

3.1　集成运算放大器 39
3.2　反馈 42
3.3　集成运算放大器的应用电路 50

第 4 章　直流稳压电源 54

4.1　稳压电路 54
4.2　集成稳压电路 58
4.3　开关型稳压电路 60

第 5 章　组合逻辑电路 62

5.1　数字逻辑基础 62
5.2　集成逻辑门 76
5.3　组合逻辑电路分析与设计 84
5.4　常用组合逻辑功能器件及其应用 89

第 6 章 时序逻辑电路 95

6.1 双稳态触发器 95

6.2 计数器 109

6.3 寄存器 114

第 7 章 模/数混合器件与电子系统 117

7.1 集成 555 定时器 117

7.2 集成数/模转换器 121

7.3 集成模/数转换器 125

7.4 半导体存储器与可编程逻辑器件 129

参考文献 133

第1章

常用半导体器材

1.1 半导体基础知识

一、填空

1. 半导体是一种导电能力介于________与__________之间的物质。

2. 当外界温度、光照等发生变化时，半导体的__________能力会发生很大的变化。

3. 利用半导体的________特性，制成杂质半导体；利用半导体的________特性，制成光敏电阻；利用半导体的________特性，制成热敏电阻。

4. 在半导体中，参与导电的不仅有________，而且还有________。这是半导体区别于导体导电的重要特征。

5. 在本征半导体中加入____元素可形成N型半导体，加入____元素可形成P型半导体。

6. N型半导体的多数载流子是________，P型半导体的多数载流子是________。

7. PN结正向偏置是将P区接电源的____极，N区接电源的____极。

8. PN结加正向电压时____，加反向电压时____。这种特性称为PN结的____________。

二、选择

1. 在半导体材料中，本征半导体的自由电子浓度（　　）空穴浓度。

A. 大于　　B. 等于　　C. 小于

2. 当温度升高时，大多数半导体的电阻率（　　），导电能力（　　）。

A. 增加　　B. 不变　　C. 减小

3. 在半导体材料中，下述说法正确的是（　　）。

A. 在N型半导体中，由于多数载流子为电子，所以它带负电

B. 在P型半导体中，由于多数载流子为空穴，所以它带正电

C. N型和P型半导体材料本身都不带电

4. 在杂质半导体中，多子浓度主要取决于（　　），少子浓度取决于（　　）。

A. 掺入的杂质数量　　B. 环境温度　　C. 掺杂工艺

5. PN结在外加正向电压时，其载流子的运动中，扩散（　　）漂移。

A. 大于　　B. 等于　　C. 小于

1.2 半导体二极管

一、填空

1. 半导体二极管分为点接触型、面接触型和平面型 3 种。通常，__________流过电流最大，_____流过电流最小；对于工作频率而言，_____最高，_____最低。

2. 二极管的最主要特性是______，使用时应考虑的两个主要参数是_____和_____。

3. 在常温下，硅二极管的死区电压约为_____V；导通后，在较大电流下的正向压降约为________V。

4. 在常温下，锗二极管的死区电压约为_______V；导通后，在较大电流下的正向压降约为________V。

5. 半导体二极管加反向偏置电压时，反向峰值电流 I_{RM} 越小，说明二极管的_______性能越好。

6. 理想二极管正向电阻为___，反向电阻为___。这两种状态相当于一个________。

7. 当加在二极管两端的反向电压过高时，二极管会被________。

8. 2CW 是___材料的______二极管，2AK 是___材料的_____二极管。

9. 查阅电子器件手册可知：2CZ52B 管的 I_F 为________，U_{RM} 为_______；

1N4002 管的 I_F 为________，U_{RM} 为_______。

10. 电路如图 1-1 所示，试确定二极管是正偏还是反偏。设二极管正偏时的正向压降为 0.7V，估算 U_A、U_B、U_C 与 U_D 的值。

图（a）：VD_1 ___偏置，U_A=_____，U_B=______；

图（b）：VD_2 ___偏置，U_C=_____，U_D=______。

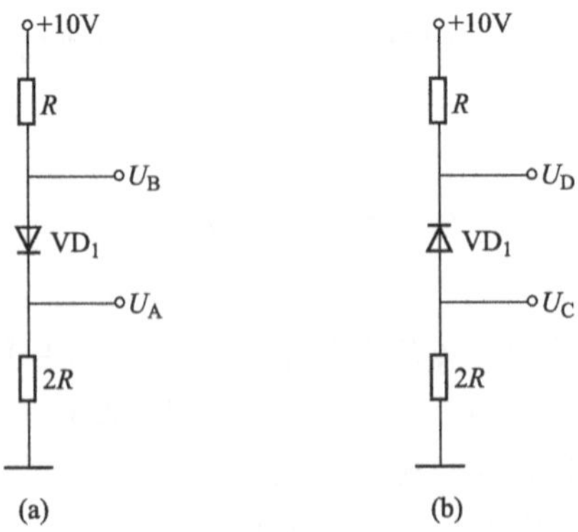

图 1-1

11. 当温度升高时，二极管的正向特性曲线将_____，反向特性曲线将________。

12. 当温度升高时，二极管的正向电压_____，反向击穿电压_______，反向电流________。

13. 判断图 1-2 所示各电路中的二极管是导通还是截止，并求出 AB 两端电压 U_{AB}（设二极管均为理想的）。

图（a）：VD________，$U_{AB}=$__________；图（b）：VD________，$U_{AB}=$__________；图（c）：VD________，$U_{AB}=$__________；图（d）：VD_1________，VD_2________，$U_{AB}=$________。

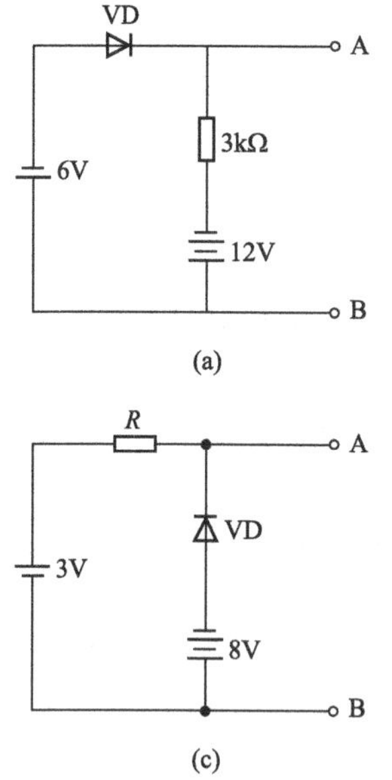

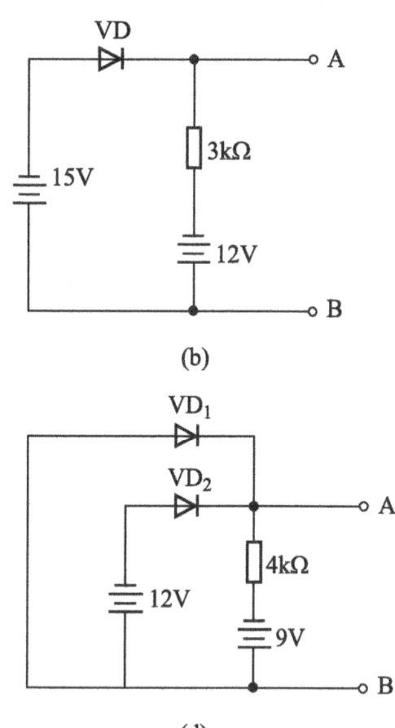

图 1-2

14. 硅稳压管是工作在____________状态下的硅二极管。在实际工作中，为了保护稳压管，需在外电路串接____________。

15. 光电二极管又称__________二极管，是 PN 结工作在__________偏置状态下的二极管，它的反向电流随光照温度的增加而__________。

16. 发光二极管的 PN 结工作在__________偏置时会发光。发光二极管的英文缩写是________，在电子设备中主要用作________。

17. 查阅电子器件手册可知，LED703 发光二极管的正向工作压降 U_F 为________，工作电流为________，发光颜色为________。

18. 查阅电子器件手册可知，2CU2A 光敏二极管的最高反向工作电压 U_{RWM} 为______，暗电流 I_D 为________，光电流 I_L 为________。

19. 变容二极管工作在________偏置状态，它是利用 PN 结的电容效应工作的，又称________电容，其电容量有较宽的变化范围，小至________，大至________，常用于电视机中。

20. 利用晶体二极管的____________性，将交流电变成____________的过程叫做整流。

21. 单相半波整流电路中，设变压器二次电压为 $u_2=\sqrt{2}U_2\sin\omega t$，则负载上的电压平均值 $U_L=$________，流过二极管的电流 $I_D=$________，流过负载的直流电流 $I_L=$______。

22. 桥式整流电路采用了______只二极管。若变压器二次电压为 $u_2=\sqrt{2}U_2\sin\omega t$，则负载上的电压平均值 $U_L=$ ______，流过二极管的电流 $I_D=$________，流过负载的直流电流 $I_L=$________。

23. 单相半波整流和单相桥式整流相比，脉动比较大的是____________，整流效果好的是______________。

24. 在单相桥式整流电路中，如果任意一个二极管反接，则__________；如果任意一只二极管脱焊，则________。

25. 滤波电路的作用是______________。滤波电路包含________元件。

26. 采用电容滤波的单相桥式整流电路中，设变压器二次电压有效值为 U_2，其输出平均电压最高可达______，最低为______，计算时一般取_____。

二、选择

1. 二极管两端加上正向电压时，(   )。

A. 一定导通　　B. 超过死区电压才能导通　　C. 超过 0.7V 才导通

2. 硅二极管的正向电压在 0.3V 的基础上增大 10%，它的电流（   ）。

A. 基本不变　　B. 增加 10%　　C. 增加 10%以上

3. 硅二极管的正向电压在 0.7V 的基础上增加 10%，它的电流（   ）。

A. 基本不变　　B. 增加 10%　　C. 增加 10%以上

4. 当温度为 20℃时，二极管的导通电压为 0.7V。若其他参数不变，当温度升高到 40℃时，二极管的导通电压将（   ）。

A. 等于 0.7V　　B. 小于 0.7V　　C. 大于 0.7V

5. 如图 1-3 所示，$V_{CC}=12V$，二极管均为理想元件，则 VD_1、VD_2 和 VD_3 的工作状态为（   ）。

A. VD_1 导通，VD_2 和 VD_3 截止

B. VD_2 导通，VD_1 和 VD_3 截止

C. VD_3 导通，VD_1 和 VD_2 截止

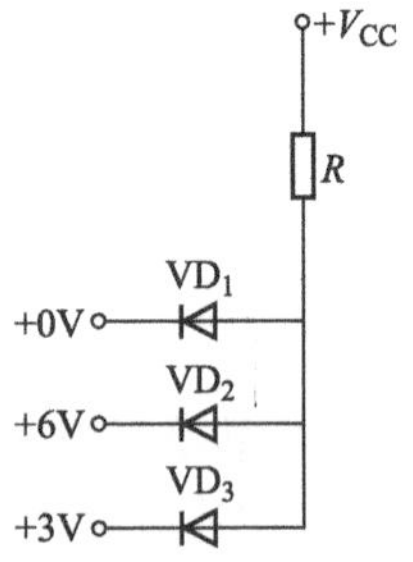

+V_{CC} R VD_1 +0V VD_2 +6V VD_3 +3V

图 1-3

6. 下列器件中，（   ）不属于特殊二极管。

A. 稳压管　　B. 整流管　　C. 发光管　　D. 光电管

7. 稳压二极管稳压，利用的是稳压二极管的（   ）。

A. 正向特性　　B. 反向特性　　C. 反向击穿特性

8. 稳压管的稳定电压 V_Z 是指其（   ）。

A. 反向偏置电压　　B. 正向导通电压　　C. 死区电压　　D. 反向击穿电压

9. 光电二极管有光线照射时，反向电阻（   ）。

A. 减少　　B. 增大　　C. 基本不变　　D. 无法确定

10. 在桥式整流电路中，若有一只整流二极管开路，则（   ）。

A. 可能烧毁元器件　　B. 电路变为半波整流

C. 输出电压为零　　D. 输出电流变大

11. 直流稳压电源中，滤波电路的目的是（   ）。

A. 将交流变为直流　　B. 将高频变为低频

C. 将交、直流混合量中的交流成分滤掉

12. 直流稳压电源中的滤波电路应选用（   ）。

A. 高通滤波电路　　B. 低通滤波电路　　C. 带通滤波电路

13. 单相桥式整流电容滤波电路中，在满足 $R_LC \geqslant (3\sim5)T/2$ 时，负载电阻上的平均电压估算为（   ）。

A. $1.1U_2$　　B. $0.9U_2$　　C. $1.2U_2$　　D. $0.45U_2$

三、计算

1. 电路和参数如图 1-4 所示，试分析各二极管的工作状态，并求出 U_o 的值。设二极管正向压降为 0.7V。

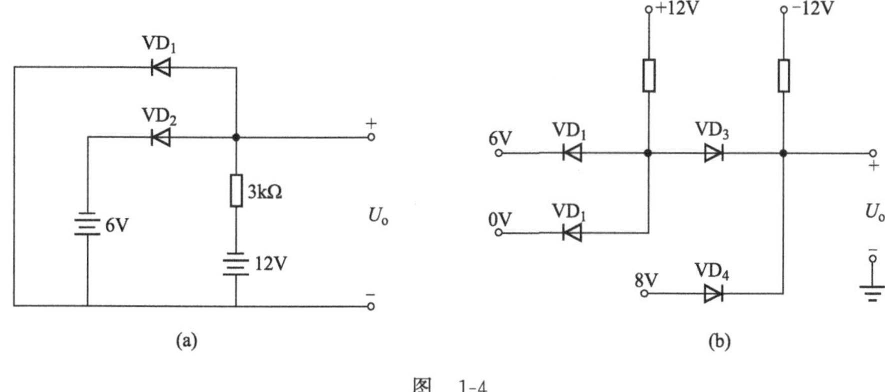

图　1-4

2. 电路如图 1-5(a) 和 (b) 所示，设 $E=6\text{V}$，$u_i=12\sin\omega t\,\text{V}$，二极管的正向压降忽略不计。试在图 (c) 中分别画出 u_o 的波形。

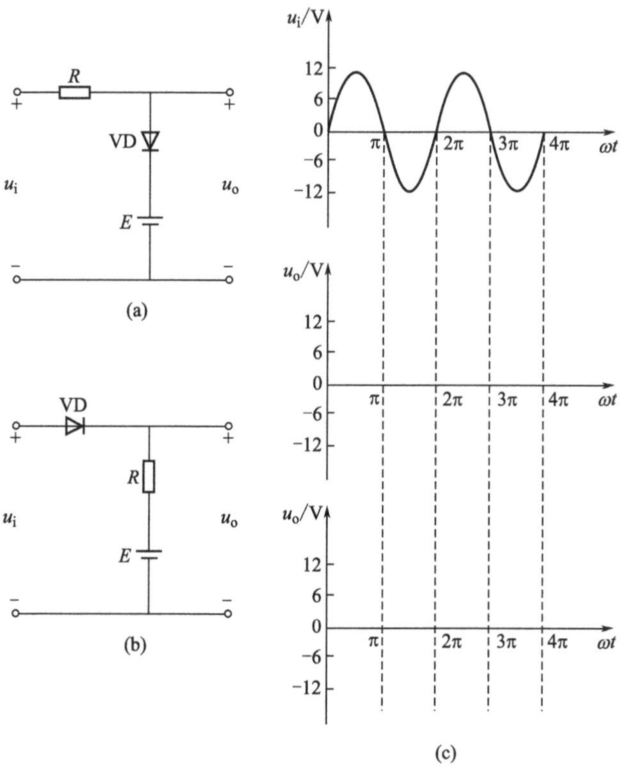

图　1-5

3. 二极管电路如图 1-6(a) 所示，设输入电压 $u_i(t)$ 波形如图 (b) 所示。在 $0<t<5$ms 的时间间隔内，试绘出 $u_o(t)$ 的波形。设二极管是理想的。

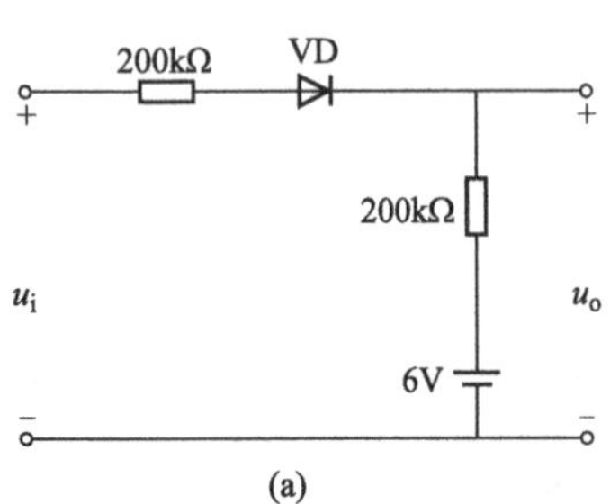

(a)

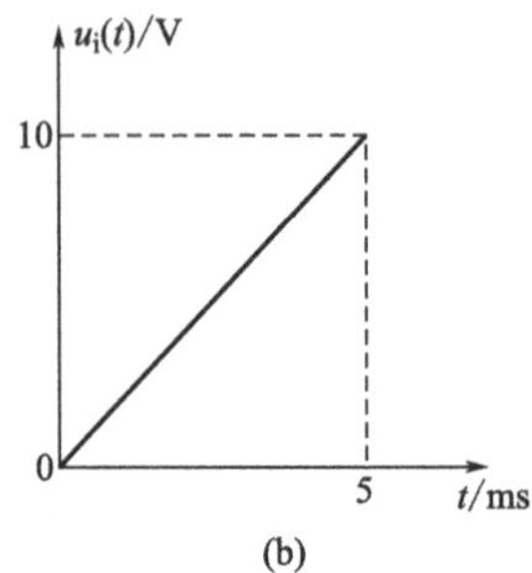

(b)

图 1-6

4. 已知单相半波整流电路如图 1-7 所示，变压器二次侧输出电压 $u_2=10\sqrt{2}\sin 314\omega t$ V，负载电阻 $R_L=45\Omega$。试确定电路的下述参数：

(1) 输出电压平均值 U_o。

(2) 二极管平均电流 I_F。

(3) 二极管承受的最大反向电压 U_{RM}。

(4) 画出输出电压的波形图。

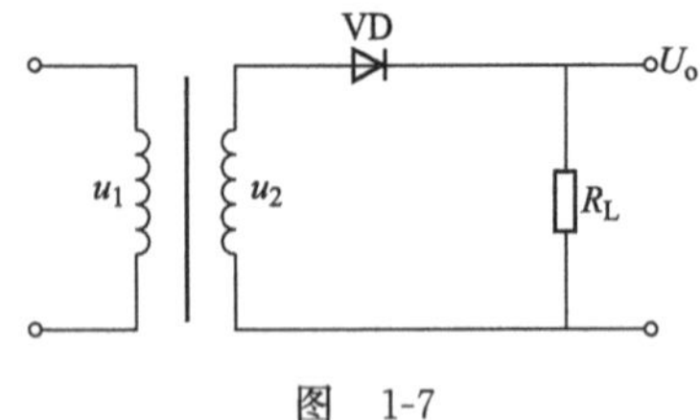

图 1-7

5. 电路如图 1-8 所示，变压器副边电压有效值为 $2U_2$。

(1) 画出 u_2 和 u_o 的波形。

(2) 求出输出电压平均值 $U_{o(AV)}$ 和输出电流平均值 $I_{L(AV)}$ 的表达式。

(3) 求出二极管的平均电流 $I_{D(AV)}$ 和所承受的最大反向电压 U_{Rmax} 的表达式。

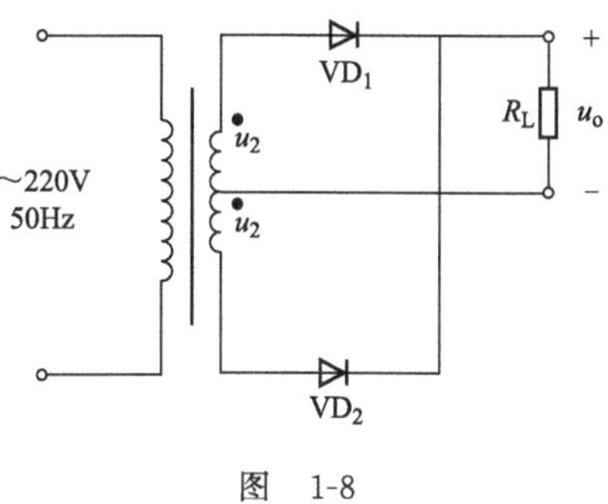

图 1-8

6. 电路如图 1-9 所示，已知 $u_2=8V$，$V_Z=6V$，$R=300\Omega$，$R_L=1.5k\Omega$。试计算限流电阻 R 中的电流，R_L 中的电流和稳定电流 I_Z。

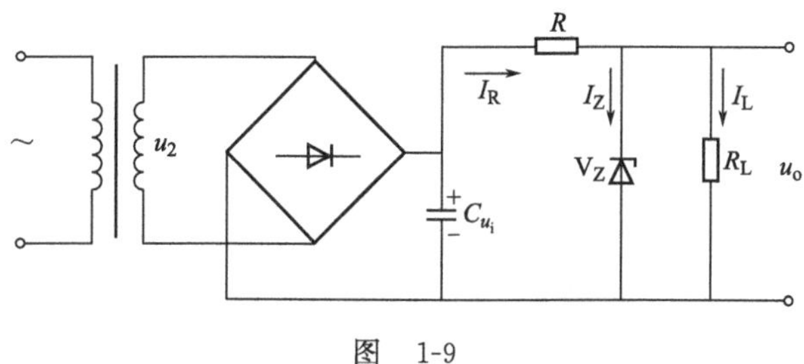

图 1-9

1.3 晶体三极管

一、填空

1. 晶体三极管是由两个 PN 结构成的一种半导体器件。从结构上看，分为________和________两大类型。

2. 晶体管工作时有________种载流子参与导电，因此又称为________型晶体管。

3. 晶体管的三个管脚分别叫做________极、________极和________极。

4. 三极管具有电流放大作用的内部条件是：________区很薄；________区的多数载流子的浓度较高；________结的面积较大。

5. 三极管具有放大作用的外部条件是：________结正向偏置；________结反向偏置。

6. 三极管具有电流放大作用的实质，它是利用________电流的变化控制________电流的变化。

7. 三极管的三个管脚的电流关系是 $I_E=$________，直流电流放大系数的定义式 $\beta=$________，交流电流放大系数的定义式 $\bar{\beta}=$________。

8. 设晶体管的压降 U_{CE} 不变，基极电流为 20μA 时，集电极电流等于 2mA，则 $\bar{\beta}=$________。若基极电流增大至 25μA，集电极电流相应地增大至 2.6mA，则 $\beta=$________。

9. 某三极管的发射极电流 i_E 等于 1mA，基极电流 i_B 等于 20μA，穿透电流 $I_{CEO}=0$，则其集电极电流 i_C 等于________，电流放大系数等于________。

10. 当 NPN 硅管处在放大状态时，在三个电极电位中，以________极的电位最高，________极电位最低，U_{BE} 等于________。

11. 当 PNP 锗管处在放大状态时，在三个电极电位中，以________极的电位最高，________极电位最低，U_{BE} 等于________。

12. 三极管输出特性曲线分为________区、________区和________区。

13. 当晶体管工作在________区时，关系式 $I_C=\bar{\beta}I_B$ 才成立，发射结________偏置，集电结________偏置。

14. 当晶体管工作在________区时，$I_C\approx 0$，发射结________偏置，集电结________偏置。

15. 当晶体管工作在________区时，$U_{CE}\approx 0$，发射结________偏置，集电结________偏置。

16. 三极管在放大区的特征是当 I_B 固定时，I_C 基本不变，体现了管子的________特性。

17. 温度升高时，晶体管的电流放大倍数 β 将________；穿透电流 I_{CEO} 将________；发射结电压 U_{BE} 将________。

18. 温度升高时，晶体管的共射输入特性曲线将________移，输出特性曲线将________移，输出特性曲线的间隔将变________。

二、选择

1. 三极管的主要特征是具有（　　）作用。

A. 电压放大　　B. 单向导电

C. 电流放大　　D. 电流与电压放大

2. 测得放大电路中某晶体管三个电极对地的电位分别为 6V、5.3V 和 −6V，则该晶体管的类型为（　　）。

A. 硅 PNP 型　　B. 硅 NPN 型

C. 锗 PNP 型　　D. 锗 NPN 型

3. 在放大器中，晶体管在静态时进入饱和区的条件是（　　）。

A. $I_B > I_{BS}$　　B. $I_B < I_{BS}$

C. $U_{BQ} >$ 死区电压　　D. $U_{BEQ} =$ 导通压降

4. 工作在放大状态的双极型晶体管是（　　）。

A. 电流控制元件　　B. 电压控制元件　　C. 不可控元件

5. 用直流电压表测得晶体管电极 1、2、3 的电位分别为 $V_1 = 1V$，$V_2 = 1.3V$，$V_3 = -5V$，则三个电极为（　　）。

A. 1 为 e；2 为 b；3 为 c　　B. 1 为 e；2 为 c；3 为 b

C. 1 为 b；2 为 e；3 为 c　　D. 1 为 b；2 为 c；3 为 e

6. 输入特性曲线反映三极管（　　）关系的特性曲线。

A. u_{CE} 与 i_B　　B. u_{CE} 与 i_C

C. u_{BE} 与 i_C　　D. u_{BE} 与 i_B

7. 输出特性曲线反映三极管（　　）关系的特性曲线。

A. u_{CE} 与 i_B　　B. u_{CE} 与 i_C　　C. u_{BE} 与 i_C　　D. u_{BE} 与 i_B

8. 晶体管共发射极输出特性常用一组曲线来表示。其中，每一条曲线对应一个特定的（　　）。

A. i_C　　B. u_{CE}　　C. i_B　　D. i_E

9. 有三只三极管，除 β 和 I_{CEO} 不同外，其余参数大致相同。用作放大器件时，应选用（　　）管为好。

A. $\beta = 50$，$I_{CEO} = 10\mu A$

B. $\beta = 150$，$I_{CEO} = 200\mu A$

C. $\beta = 10$，$I_{CEO} = 5\mu A$

三、判断

1. 三极管由两个 PN 结构成，二极管包含一个 PN 结，因此可以用两个二极管反向串接来构成三极管。（　　）

2. 三极管三个电极上的电流总能满足 $I_E = I_C + I_B$。（　　）

3. 三极管集电极和基极上的电流总能满足 $I_C = \beta I_B$。（　　）

4. 对于三极管，只有测得 $U_{BE} > U_{CE}$，它才工作在放大区。（　　）

5. 三极管集电极和基极上的电流总能满足 $I_C = \beta I_B$ 的关系。（　　）

四、分析

1. 测得放大电路中六只晶体管的直流电位如图 1-10 所示。在圆圈中画出管子，并分别说明它们是硅管还是锗管。

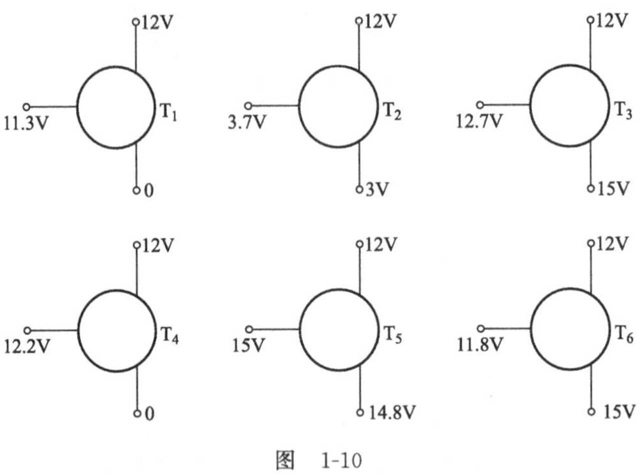

图 1-10

2. 三极管的每个电极对地的电位如图 1-11 所示，试判断各三极管处于何种工作状态（NPN 型为硅管，PNP 型为锗管）。

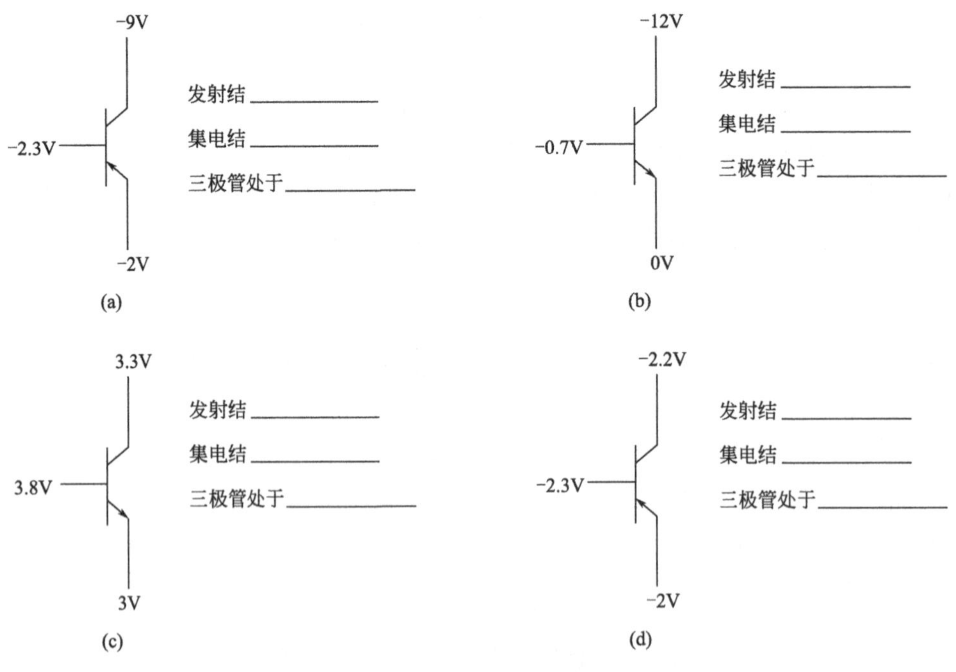

图 1-11

3. 查阅电子器件手册，了解下列常用三极管的极限参数，并记录填写在表 1-1 中。

表 1-1

型号		类型	材料	P_{CM}/mW	I_{CM}/mA	$U_{(BR)CEO}$/V
低频小功率管	3AX51C					
	3BX31C					
高频小功率管	3DG100A					
	3DG130B					

4. 已知三极管的型号为 3DG100A，试问：

（1）能否工作在 $U_{CE}=30V$，$I_C=25mA$ 的状态？为什么？

（2）能否工作在 $U_{CE}=30V$，$I_C=3mA$ 的状态？为什么？

（3）能否工作在 $U_{CE}=10V$，$I_C=15mA$ 的状态？为什么？

1.4 场效应管

一、填空

1. 场效应晶体管以__________控制__________，属于________控制型半导体器件。

2. 场效应晶体管的导电过程仅仅取决于______载流子的运动，故又称其为________晶体管。

3. 场效应晶体管按其结构的不同，可分为________和______两大类型。

4. 场效应晶体管的栅极电流__________，所以输入电阻______。

5. 绝缘栅场效应管分为________型和_____型两类，各类又有_____沟道和______沟道两种。

6. 场效应管分为______区、______区、______区和______区四个区域。作为放大器件使用时，应工作在______区。

7. N 沟道增强型 MOS 管的栅源电压为______时能控制漏极电流，耗尽型 MOS 管的栅源电压为______或为______时均能控制漏极电流。

8. 开启电压 U_T 是指 v_{DS} 为定值时，使______ MOS 管______的栅源电压。夹断电压 U_P 是指 v_{DS} 为定值时，使______ MOS 管______时的栅源电压。

9. _____MOS 管开启电压 $U_{GS(th)}>0$，_____MOS 的开启电压 $U_{GS(th)}<0$。

10. _____MOS 管夹断电压 $U_{GS(off)}>0$，_____MOS 的夹断电压 $U_{GS(off)}<0$。

11. 使用场效应晶体管时，应特别注意对_____极的保护，尤其是绝缘栅管，在不用时应将三个电极_____。

12. 场效应管的低频跨导，表征______对______控制能力的重要参数，是表征场效应晶体管放大能力的一个重要参数。

二、选择

1. 绝缘栅场效应晶体管和结型场效应晶体管的不同点在于它们的导电机构。结型是利用

（　　）来改变导电沟道宽窄，绝缘栅型是利用（　　）来改变导电沟道宽窄，从而达到控制漏极电流的目的。

A. 栅极所加电压产生的垂直电场

B. 反偏 PN 结的内电场

C. 漏源电压 u_{DS}

2. 场效应管的三个电极中，用 D 表示的电极称为（　　），用 S 表示的电极称为（　　），用 G 表示的电极称为（　　）。

A. 栅极　　B. 源极　　C. 基极　　D. 漏极

3. 欲使结型场效应晶体管正常工作，应在栅极与源极之间加（　　）电压。

A. 正偏　　B. 反偏　　C. 零偏

4. 图 1-12（a)、(b）分别代表（　　）绝缘栅场效应管。

A. P 沟道增强型与 N 沟道耗尽型

B. N 沟道增强型与 N 沟道耗尽型

C. N 沟道耗尽型与 P 沟道增强型

D. P 沟道耗尽型与 N 沟道增强型

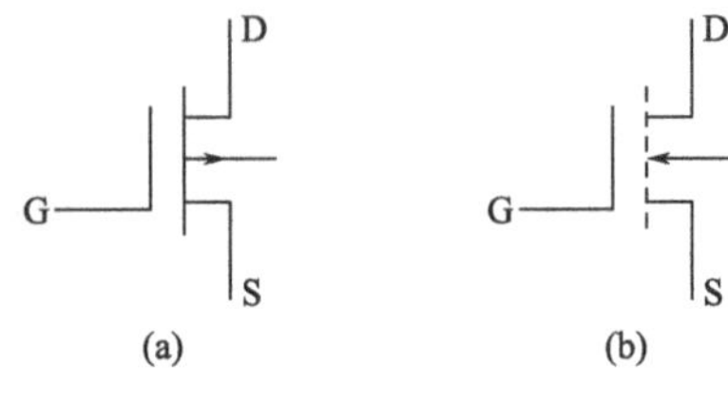

图　1-12

5. 场效应管的转移特性曲线反映的是（　　）之间的关系。

A. u_{DS} 与 i_D　　B. u_{BE} 与 i_B　　C. u_{CE} 与 i_C　　D. u_{GS} 与 i_D

6. 场效应管的输出特性曲线反映的是（　　）之间的关系。

A. u_{GS} 与 i_D　　B. u_{DS} 与 i_D　　C. u_{DS} 与 i_C　　D. u_{CE} 与 i_C

7. 场效应晶体管自生偏置电路中的电阻 R_g 的作用是（　　）。

A. 提供偏置电压

B. 提供偏置电流

C. 防止输入信号短路

D. 泄放栅极可能出现的感应电荷，以防管子击穿

三、分析

1. 电路如图 1-13 所示，试判断各管子的类型和工作电压极性，将判断结果填入表 1-2。

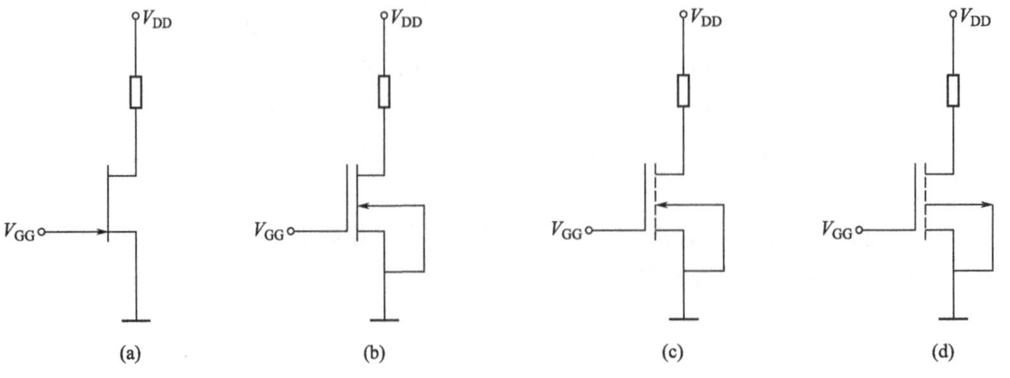

图　1-13

表　1-2

内容＼图	(a)	(b)	(c)	(d)
沟道类型				
增强型或耗尽型				
V_{CC} 极性				
V_{DD} 极性				

2. 各场效应晶体管的漏极特性或转移特性曲线如图 1-14 所示，试判别各管类型，并指出其夹断电压 $U_{GS(off)}$ 或开启电压 $U_{GS(th)}$、饱和漏电流 I_{DSS} 的大小。将判别结论填入表 1-3（或用“√”标记）。

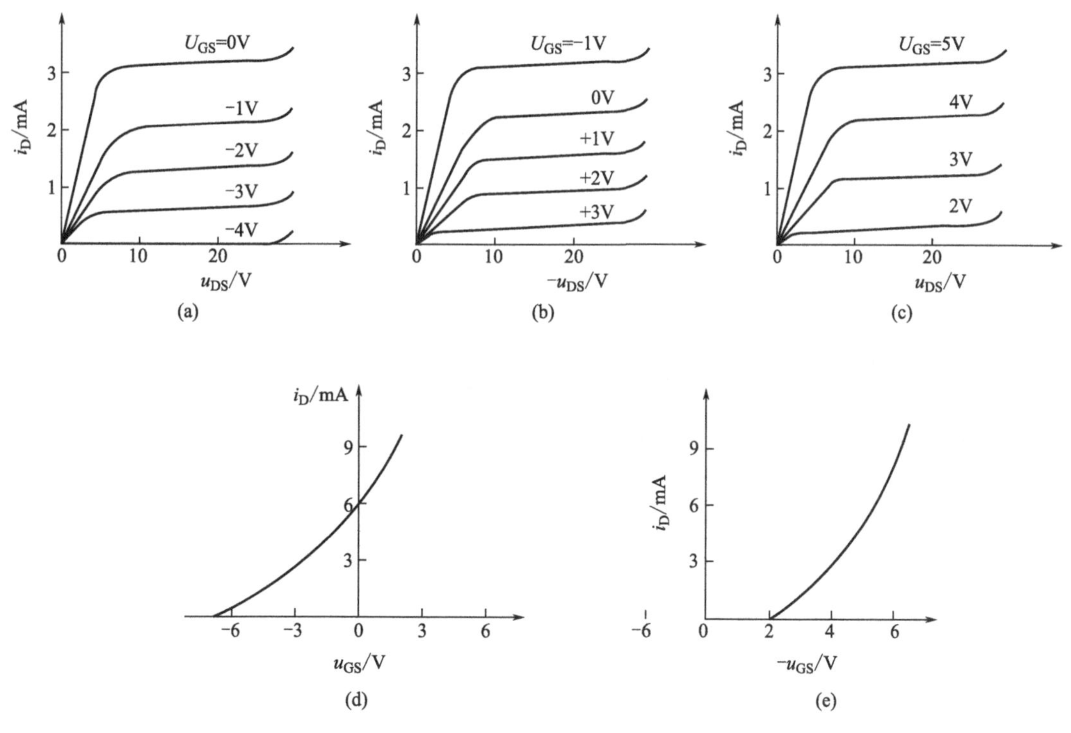

图　1-14

表　1-3

图＼内容	JFET	MOS	N 沟道	P 沟道	耗尽型	增强型	$U_{GS(off)}$	$U_{GS(th)}$	I_{DSS}
(a)									
(b)									
(c)									
(d)									
(e)									

3. 如图 1-15 所示的三个电路，选择合适的 MOS 场效应晶体管，将适用的管子类型填入表 1-4，并将各电路图补充完整。

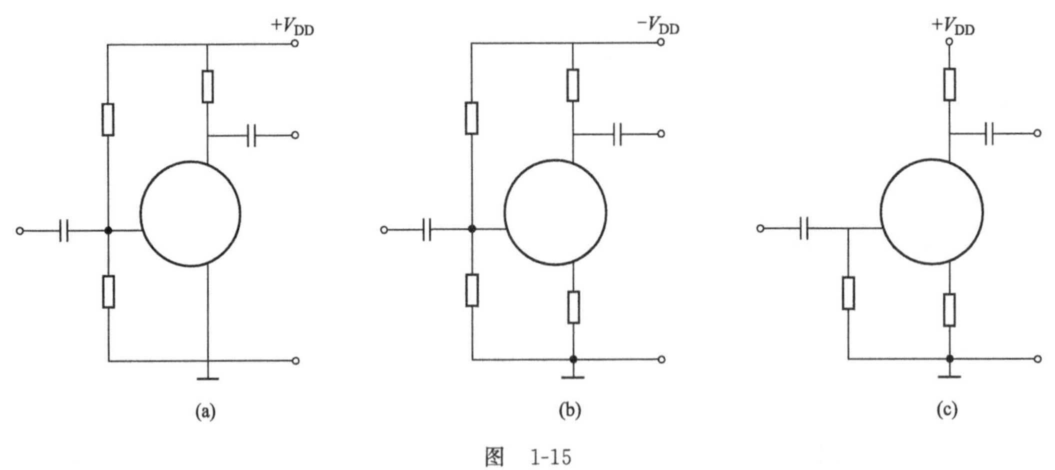

图 1-15

表 1-4

管型 / 电路图	N 沟道		P 沟道	
	耗尽型	增强型	耗尽型	增强型
(a)				
(b)				
(c)				

4. 场效应晶体管的转移性曲线如图 1-16 所示，在保持 $u_{DS}=10V$ 的情况下，u_{GS} 从 −1V 变化到 −2V 时，i_D 相应地从 2mA 变化到 0.8mA。试问该管子的跨导 g_m 等于多少？

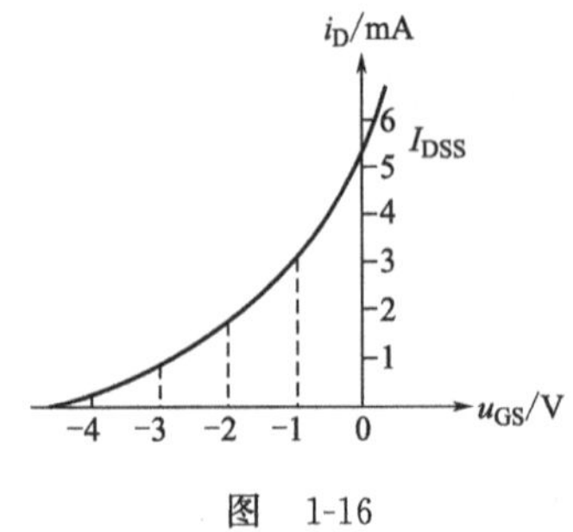

图 1-16

1.5 晶闸管

1. 晶闸管与普通二极管、晶体三极管在控制作用上有什么区别？其导通与阻断的条件是什么？

2. 晶闸管导通后，通过晶闸管的电流大小与电路中的哪些参数有关？

3. 晶闸管可控整流电路中为什么需要同步触发？如果不同步触发，对输出电压有什么影响？

4. 对于某一阻性负载，要求提供直流电压 80V，直流电流 8A，采用单相半控桥式可控整流电路，直接用 50Hz/220V 交流电源供电。试计算晶闸管的控制角、导通角、输出电流平均值，画出电路图，并选择合适的晶体管和二极管的型号和规格。

5. 试分析图 1-17 所示调光台灯的工作过程。

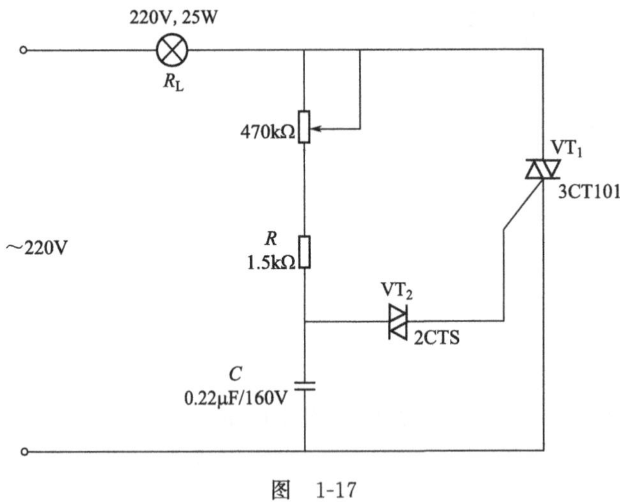

图 1-17

第2章

单元电子电路

2.1 放大电路概述

一、填空

1. 放大器的功能是把________电信号转化为________的电信号，实质上是一种能量转换器，它将________电能转换成________电能，输出给负载。

2. 基本放大电路中的三极管作用是进行电流放大。三极管工作在________区是放大电路能放大信号的必要条件。为此，外电路必须使三极管发射结________，集电结________偏；且要有一个合适的______________。

3. 用来衡量放大器性能的主要指标有____________________、____________________、____________________。

4. 对于某放大电路，当输入电压为 10mV 时，输出电压为 7V；当输入电压为 15mV 时，输出电压为 6.5V，则该电路的电压增益为________。

5. 从放大器________端看进去的____________称为放大器的输入电阻。放大器的输出电阻是去掉负载后，从放大器________端看进去的____________。

二、判断

1. 只有当电路既放大电流又放大电压时，才称其有放大作用。 ( )

2. 可以说，任何放大电路都有功率放大的作用。 ( )

3. 放大电路中输出的电流和电压都是由有源元件提供的。 ( )

4. 电路中各电量的交流成分是交流信号源提供的。 ( )

5. 放大电路必须加上合适的直流电源才能正常工作。 ( )

6. 由于放大的对象是变化量，所以当输入信号为直流信号时，任何放大电路的输出都毫无变化。 ( )

7. 只要是共射放大电路，输出电压的底部失真都是饱和失真。 ( )

三、分析计算

某放大器的波特图如图 2-1 所示，请填空回答问题。

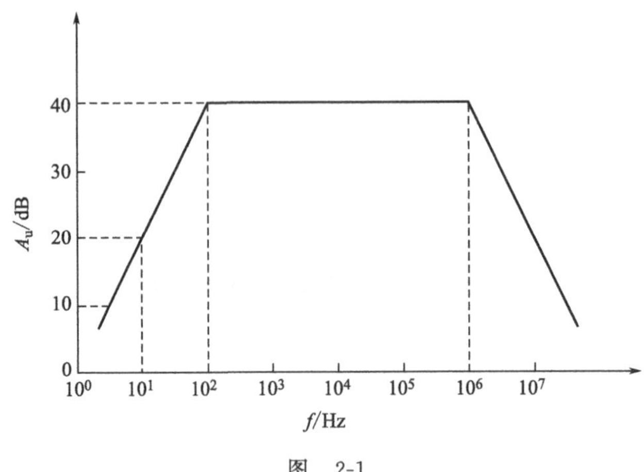

图 2-1

(1) 上限频率f_H=________Hz。

(2) 下限频率f_L=________Hz。

(3) 通频带 B_W=________Hz。

(4) 中频区电压增益 A_{um}=________dB。

*(5) 在转折频率（上、下限频率）处增益的近似值为______dB，准确值为______dB，误差值为______dB。

*(6) 低频区与高频区波特图特性的斜率为________。

2.2 基本放大电路

一、填空

1. 放大器的基本分析方法主要有两种：______和______。对放大器的分析包括两部分：(1) ________；(2) ________。

2. 对于直流通路而言，放大器中的电容可视为______，电感可视为______，信号源可视为______；对于交流通路而言，容抗小的电容器可视作______，内阻小的电源可视作______。

3. 当静态工作点设置偏低时，会引起______失真，单级共射放大电路输出电流波形的______半周产生削波，需将基极偏置电阻 R_B 的值调______。

4. 当静态工作点设置偏高时，会引起______失真，单级共射放大电路输出电压波形的______半周产生削波，需将基极偏置电阻 R_B 的值调______。

5. 造成放大电路静态工作点不稳定的因素很多，其中影响最大的是________________。

6. 在调试图 2-2(a) 所示的放大电路时，出现图 (b) 所示的输出波形。这是______失真，应使 R_B 值______来改善输出电压波形。

7. 在共射、共集和共基三种基本放大电路组态中。

(1) 希望电压放大倍数大，可选用________组态。

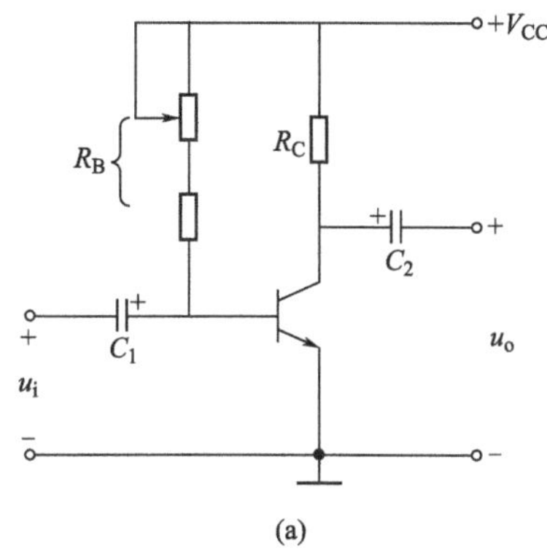

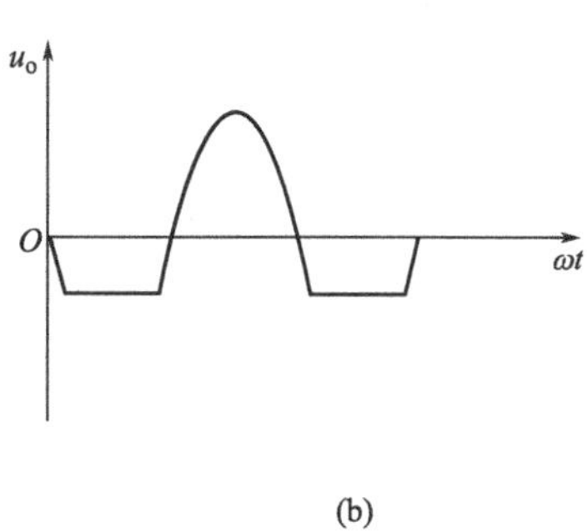

图　2-2

(2) 希望既能放大电压，又能放大电流，应选用________组态。

(3) 希望输出电压与输入电压同相，可选用________组态。

(4) 希望带负载能力强，应选用________组态。

(5) 希望从信号源索取的电流小，应选用________组态。

(6) 希望高频响应好，又有较大的电压放大倍数，应选用________组态。

8. 多级放大器常用的级间耦合方式有________、________和________三种形式，在低频交流电压放大器中常采用________耦合方式。

9. 在多级放大电路中，后级的输入电阻是前级的________，前级的输出电阻可视为后级的________。

10. 在三级放大电路中，已知 $|\dot{A}_{u1}|=50$，$|\dot{A}_{u2}|=80$，$|\dot{A}_{u3}|=25$，则其总电压放大倍数 $|\dot{A}_u|=$________，折合为________dB。

11. 若三级放大电路的各级电压增益分别为 30dB、0dB 和 10dB，则总电压增益为________dB。当输入信号电压为 15mV 时，输出电压为________。

12. 多级放大电路与单级放大电路相比，电压增益变______，通频带变______。

二、选择

1. 放大电路在未输入交流信号时，电路所处工作状态是（　　）。

A. 静态　　B. 动态　　C. 放大状态　　D. 截止状态

2. 放大电路设置偏置电路的目的是（　　）。

A. 使放大器工作在截止区，避免信号在放大过程中失真

B. 使放大器工作在饱和区，避免信号在放大过程中失真

C. 使放大器工作在线性放大区，避免放大波形失真

D. 使放大器工作在集电极最大允许电流 I_{CM} 状态下

3. 在放大电路中，三极管静态工作点用（　　）表示。

A. I_B、I_C 和 U_{ce}　　B. I_B、I_C 和 U_{CE}　　C. i_B、i_C 和 u_{CE}　　D. i_B、i_C 和 u_{ce}

4. 在放大电路中的交直流电压、电流用（　　）表示。

A. I_B、I_C 和 U_{ce}　　B. I_B、I_C 和 U_{CE}　　C. i_B、i_C 和 u_{CE}　　D. i_B、i_C 和 u_{ce}

5. 在共射放大电路中，偏置电阻 R_b 增大，三极管的（　　）。

A. V_{CE} 减小　　B. I_C 减小　　C. I_C 增大　　D. I_B 增大

6. 放大器外接负载电阻 R_L 后，输出电阻 r_o 将（　　）。

A. 增大　　B. 减小　　C. 不变　　D. 等于 R_L

7. 画放大器的直流通路时，应将电容器视为（　　）。

A. 开路　　B. 短路　　C. 电池组　　D. 断路

8. 画放大器的交流通路时，应将直流电源视为（　　）。

A. 开路　　B. 短路　　C. 电池组　　D. 断路

9. 固定偏置共射极放大电路中，已知 $V_{CC}=12V$，$R_C=3k\Omega$，$\beta=40$，忽略 U_{BE}，若要使静态时 $U_{CE}=9V$，R_B 应取（　　）。

A. 600 kΩ　　B. 240kΩ　　C. 480kΩ　　D. 360kΩ

10. 固定偏置共射极放大电路 $V_{CC}=10V$，硅晶体管的 $\beta=100$，$R_B=100k\Omega$，$R_C=5k\Omega$，则该电路中晶体管工作在（　　）。

A. 放大区　　B. 饱和区　　C. 截止区　　D. 无法确定

11. 固定偏置共射极放大电路 $V_{CC}=10V$，硅晶体管的 $\beta=100$，$R_B=680k\Omega$，$R_C=5k\Omega$，则该电路中晶体管工作在（　　）。

A. 放大区　　B. 饱和区　　C. 截止区　　D. 无法确定

12. 对于固定偏置共射极放大电路，设晶体管工作在放大状态，欲使静态电流 I_C 减小，应（　　）。

A. 保持 U_{CC} 和 R_B 一定，减小 R_C　　B. 保持 U_{CC} 和 R_C 一定，增大 R_B

C. 保持 R_B 和 R_C 一定，增大 U_{CC}

13. 放大电路的三种组态都有（　　）放大作用。

A. 电压　　B. 电流　　C. 功率

14. 对于单级共射极放大电路，输入正弦信号，用示波器观察输入电压 u_i 和晶体管集电极电压 u_C 的波形，二者相位（　　）。

A. 相差 0°　　B. 相差 180°　　C. 相差 90°　　D. 相差 270°

15. 对于共基极放大电路，输入正弦信号，用示波器观察输入电压 u_i 和晶体管集电极电压 u_C 的波形，二者相位（　　）。

A. 相差 0°　　B. 相差 180°　　C. 相差 90°　　D. 相差 270°

16. 现有基本放大电路：A. 共射电路；B. 共集电路；C. 共基电路；D. 共源电路；E. 共漏电路。根据要求，选择合适的电路组成两级放大电路。

(1) 要求输入电阻为 1～2kΩ，电压放大倍数大于 3000，第一级应采用（　　），第二级应采用（　　）。

(2) 要求输入电阻大于 10MΩ，电压放大倍数大于 300，第一级应采用（　　），第二级应采用（　　）。

(3) 要求输入电阻为 100～200kΩ，电压放大倍数大于 100，第一级应采用（　　），第二级应采用（　　）。

(4) 要求电压放大倍数大于 10，输入电阻大于 10MΩ，输出电阻小于 100Ω，第一级应采用（　　），第二级应采用（　　）。

17. 在多级放大电路常见的三种耦合方式（A. 组容耦合；B. 直接耦合；C. 变压器耦合）中选择合适者（可能不止一种）。

(1) 要求各级静态工作点互不影响，可选用（　　）。

(2) 要求能放大直流信号，可选用（　　）。

(3) 要求能放大交流信号，可选用（　　）。

(4) 要求能实现阻抗变换，使信号与负载间有较好的配合，可选用（　　）。

18. 阻容耦合放大电路加入不同频率的输入信号，低频区电压增益下降的原因是由于（　　）的存在。

A. 耦合电容与旁路电容　　B. 极间电容和分布电容　　C. 晶体管的非线性

19. 阻容耦合放大电路加入不同频率的输入信号，高频区电压增益下降的原因是由于（　　）的存在。

A. 耦合电容与旁路电容　　B. 极间电容和分布电容　　C. 晶体管的非线性

三、判断

1. 利用微变等效电路，可以很方便地分析计算小信号输入时的静态工作点。（　　）

2. 三极管的输入电阻是一个动态电阻，故与静态工作点无关。（　　）

3. 在基本共射极放大电路中，为得到较高的输入电阻，在 R_B 固定不变的条件下，晶体管的 β 值应该尽可能大些。（　　）

4. 在基本共射极放大电路中，若晶体管 β 增大 1 倍，电压放大倍数将相应地增大 1 倍。（　　）

5. 电压放大器的输出电阻越小，意味着放大器带负载的能力越强。（　　）

6. 在阻容耦合低频放大器中，工作频率愈高，耦合电容应取得愈大。（　　）

7. 为了改善电路的高频特性，要选用 f_β 大的管子。（　　）

8. 多级放大器的通频带比组成它的各级放大器的通频带宽，级数愈多，通频带愈宽。（　　）

四、分析计算

1. 画出图 2-3 所示各电路的直流通路和交流通路。

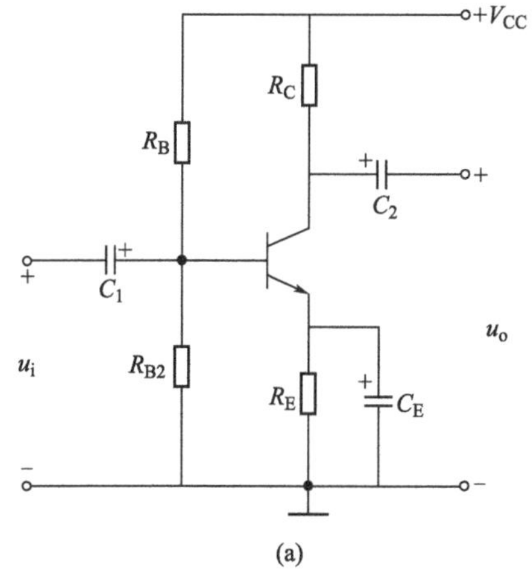

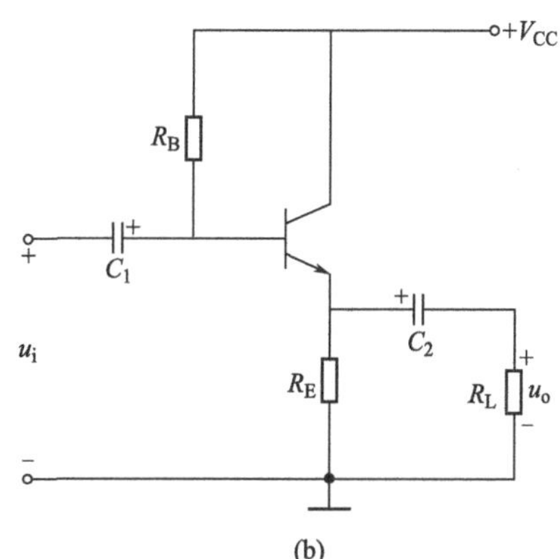

图　2-3

2. 在图 2-4 所示各电路中，哪些可以实现正常的交流放大（在各分图旁的括号中标记“√”）？哪些不能（标记“×”）？简要说明原因。

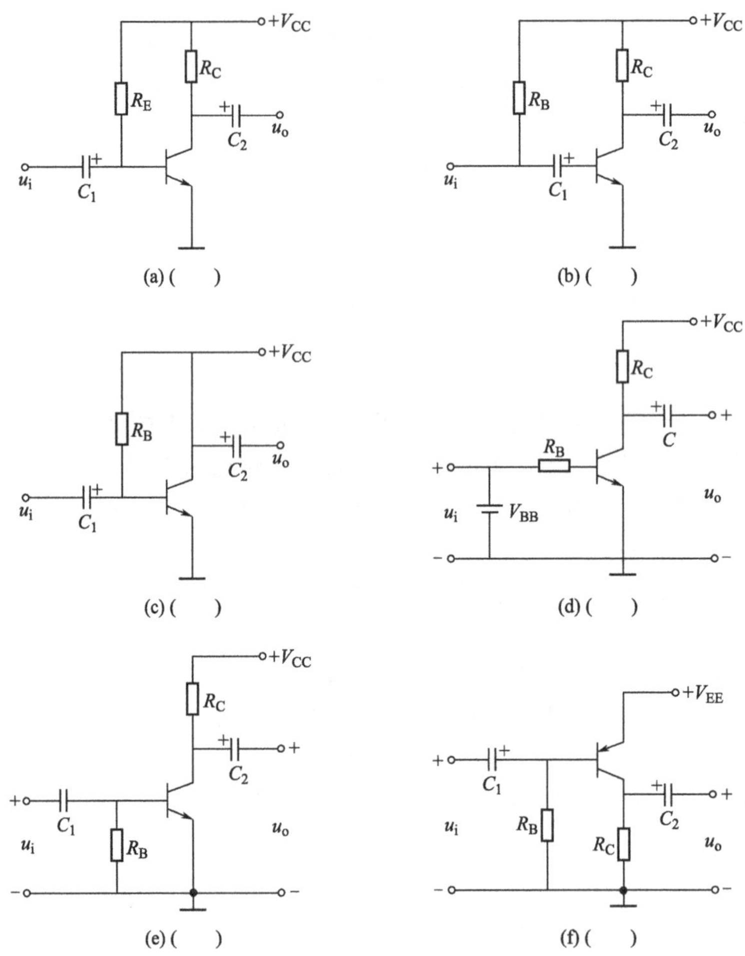

图　2-4

3. 电路如图 2-5 所示，R_P 为滑动变阻器，$R_{BB}=100\text{k}\Omega$，$\beta=50$，$R_C=1.5\text{k}\Omega$，$V_{CC}=20\text{V}$。

（1）如果要求 $I_{CQ}=2.5\text{mA}$，则 R_B 值应为多少？

（2）如果要求 $V_{CEQ}=6\text{V}$，则 R_B 值应为多少？

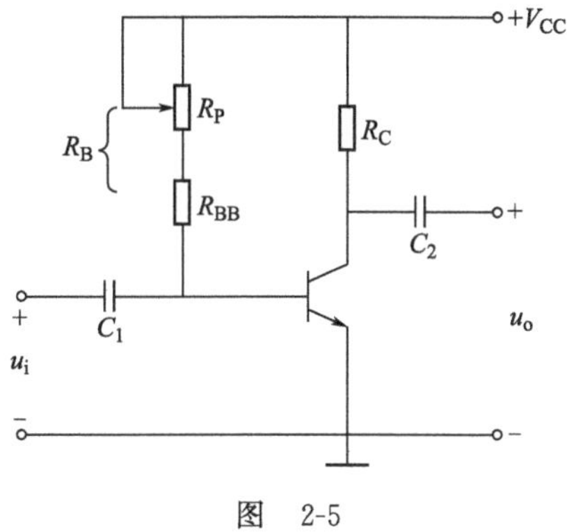

图　2-5

4. 基本放大电路如图 2-6 所示，$\beta=50$，$R_C=R_L=4\text{k}\Omega$，$R_B=400\text{k}\Omega$，$V_{CC}=20\text{V}$。

(1) 画出直流通路并估算静态工作点 I_{BQ}、I_{CQ} 和 U_{CEQ}。

(2) 画出交流通路并求 r_{BE}、$\dot{A}_u$、R_i 和输出电阻 R_o。

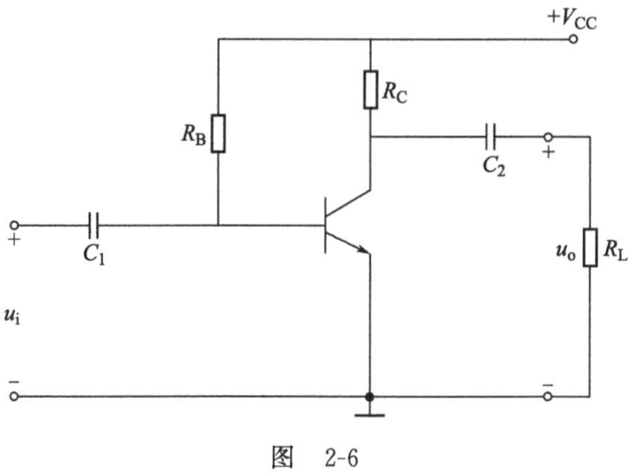

图　2-6

5. 基本共射极放大电路如图 2-7 所示，NPN 型硅管的 $\beta=100$。

(1) 估算静态工作点 I_{BQ}、I_{CQ} 和 U_{CEQ}。

(2) 求三极管的输入电阻 r_{BE} 值。

(3) 画出放大电路的微变等效电路。

(4) 求电压放大倍数 $\dot{A}_u$，输入电阻 R_i 和输出电阻 R_o。

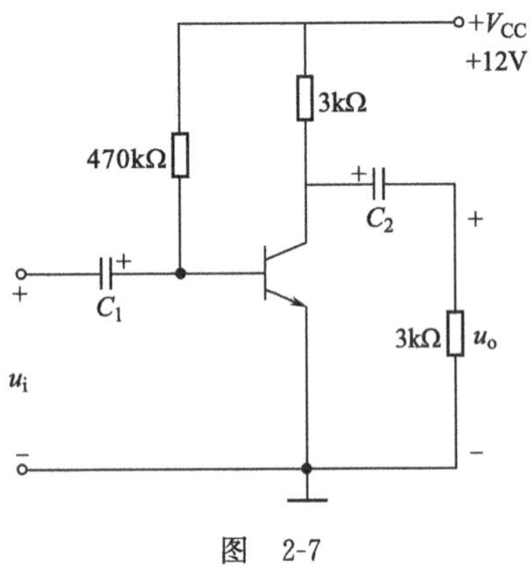

图 2-7

6. 图 2-8 所示为某单管共射放大电路中三极管的输出特性曲线和直流、交流负载线。根据图中所示，填空回答下列问题。

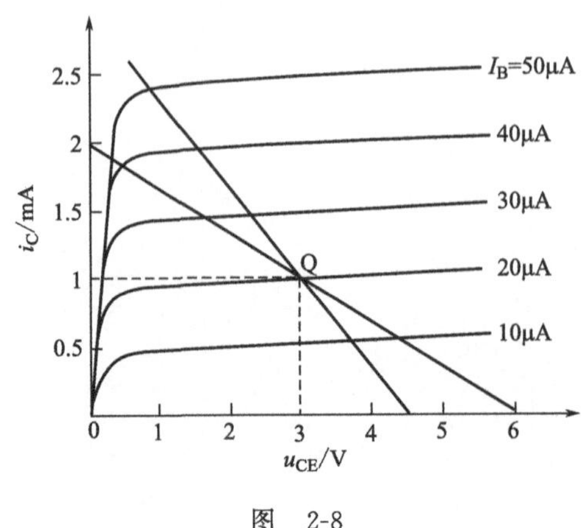

图 2-8

(1) 电源电压 $V_{CC}=$__________。

(2) 静态集电极电流 $I_{CQ}=$__________，管压降 $U_{CEQ}=$__________。

(3) 集电极电阻 $R_C=$________，负载电阻 $R_L=$________。

(4) 放大电路最大不失真输出正弦电压有效值约为________。

(5) 当输入信号幅值逐渐增大时，将首先出现________失真现象。

(6) 要使放大电路不失真，基极正弦电流的振幅应小于________。

7. 在图 2-9 所示放大电路中，设三极管的 $\beta=30$，$U_{BEQ}=0.7V$。

(1) 估算静态时的 I_{CQ} 和 U_{CEQ}。

(2) 画出微变等效电路。

(3) 求电压放大倍数 $\dot{A}_u$、输入电阻 R_i 和输出电阻 R_o。

(4) 若信号源内阻 $R_S=500\Omega$，求源电压放大倍数 $\dot{A}_{us}$。

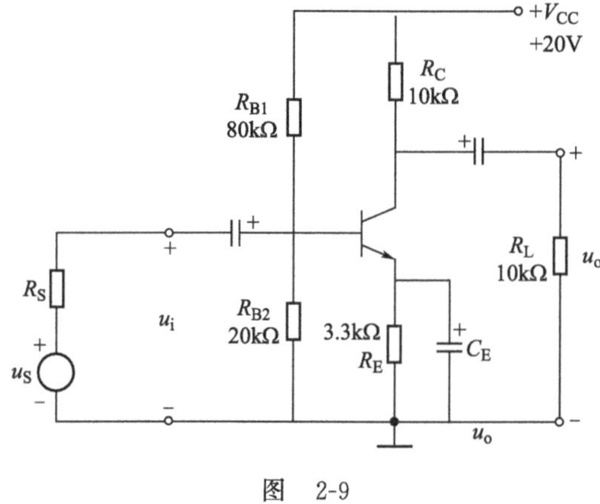

图 2-9

8. 放大电路如图 2-9 所示，试选择以下三种情形之一填空：A. 增大；B. 减小；C. 基本不变。

(1) 要使静态工作电流 I_{CQ} 减小，R_{B1} 应______。

(2) 从输出端开路到接上负载 R_L，静态工作电流 I_{CQ} 将______，交流输出电压幅度将______。

(3) 若更换三极管，使 β 由原来的 30 改为 60，静态基极电流 I_{BQ} 将______，集电极电

流 I_{CQ}____，电压放大倍数（绝对值）______。

（4）当信号源内阻 R_S 减小时，源电压放大倍数（绝对值）______，输入电阻______。

9. 射极输出器如图 2-10 所示。图中，三极管为硅管，$\beta=100$，$r_{BE}=1.2\text{k}\Omega$。试求：

（1）静态工作点 I_{CQ} 和 U_{CEQ}。

（2）输入电阻 R_i 和输出电阻 R_o。

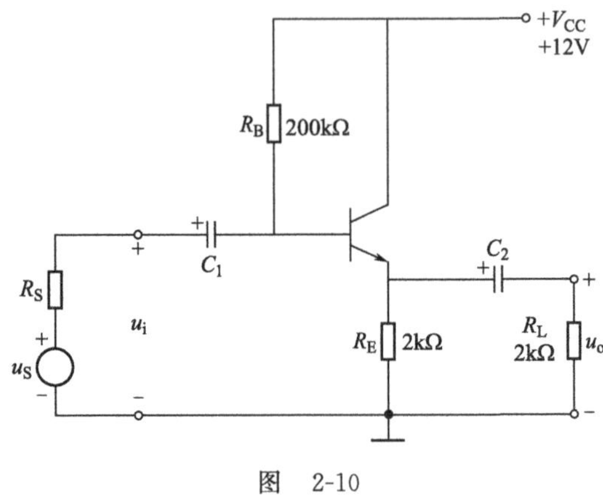

图 2-10

10. 试分析图 2-11 所示放大电路，选择正确的答案填空（将正确答案代号填入空格）。

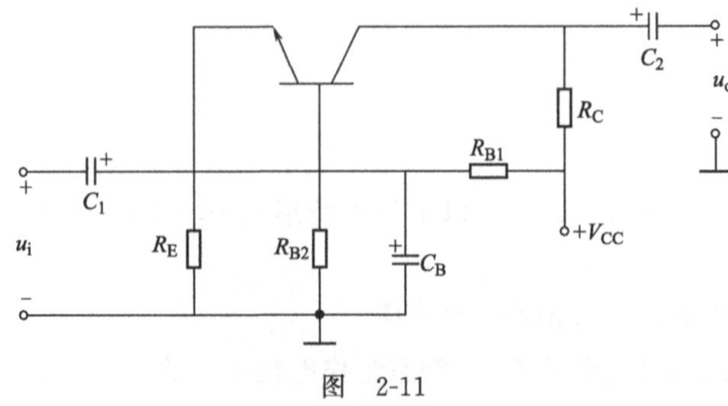

图 2-11

（1）该电路是_______。（A. 共射组态；B. 共基组态；C. 共集组态）

(2) 静态偏置电路是________。(A. 固定偏置电路；B. 分压式偏置稳定电路)

(3) 输出信号与输入信号________。(A. 同相；B. 反相)

(4) 电路的电压放大倍数与________电路大小相同。(A. 共射；B. 共集)

11. 两级放大电路如图 2-12(a) 所示，其接口处的框图如图 2-12(b) 所示。

(1) 写出图 (a) 中 R_{o1} 和 R_{i2} 的表达式。

(2) 导出计算 $\dot{A}_{u1}$、$\dot{A}_{u2}$ 及 $\dot{A}_u$ 的公式。

(3) 写出图 (b) 中 $\dot{U}_{o1}$ 与 $\dot{U}'_{o1}$ 的关系式。

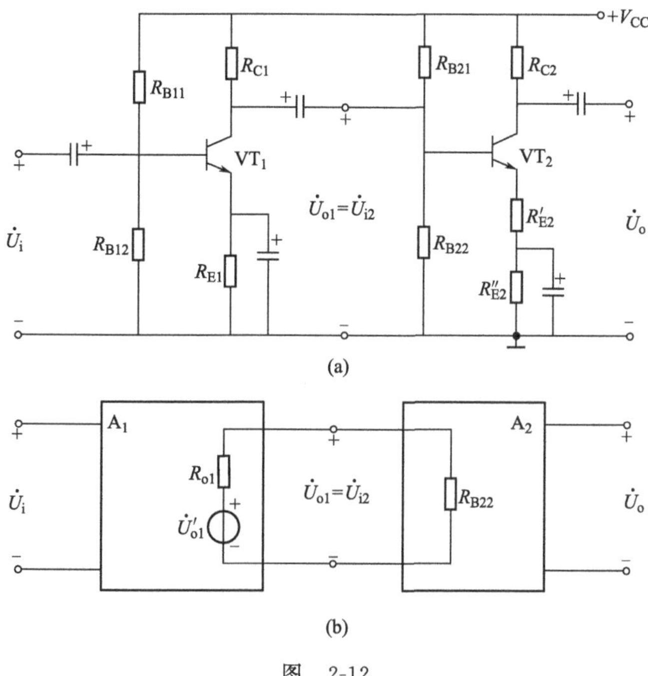

图　2-12

12. 两个单级放大电路如图 2-13(a) 所示，已知 $R_{i1}=10\text{k}\Omega$，$R_{o1}=5.1\text{k}\Omega$，$\dot{A}_{u1}=-22$；$R_{i2}=1.4\text{k}\Omega$，$R_{o2}=3\text{k}\Omega$，$\dot{A}_{u2}=-70$。如果组成两级阻容耦合放大器，其组成框图如图 2-13 (b) 所示，估算两级放大器的 $\dot{A}_u$、R_i 和 R_o。

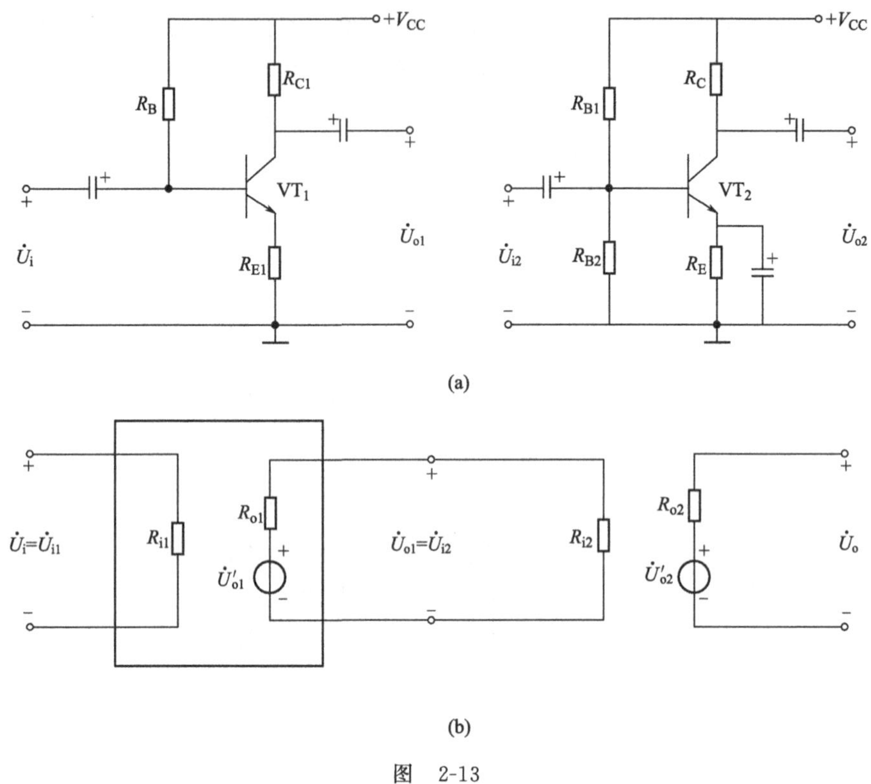

图 2-13

13. 在图 2-14 所示的两级放大电路接口处，插入射极跟随器作为隔离级。若射极跟随器具有理想的特性（$R_i \to \infty$，$R_o \to 0$，$\dot{A}_u \to 1$），试估算三级放大器的 $\dot{A}_u$。

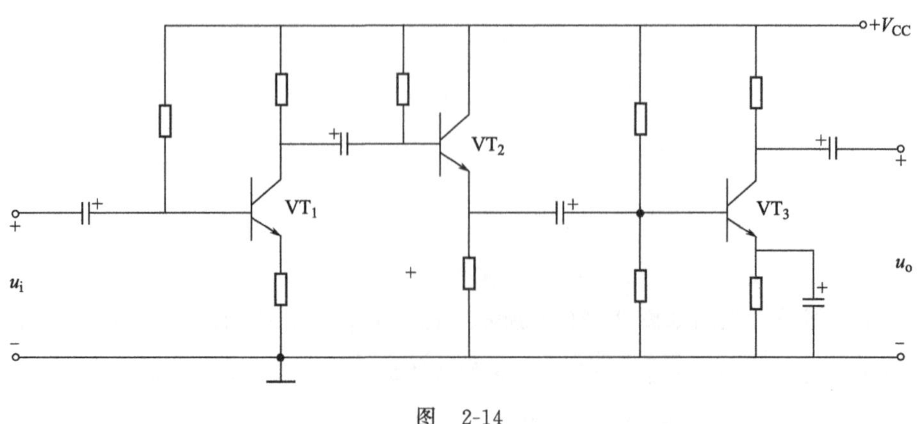

图 2-14

14. 图 2-15(a) 所示是一个场效应晶体管放大电路，图 (b) 是管子的转移特性曲线。

(1) 直流偏置电路采用的是什么形式？若要 $I_{DO}=2mA$，R_S 应选多大？

(2) 为什么耦合电容 C_1 可取 $0.1\mu F$，而 C_2 取 $10\mu F$？

(3) 设管子的跨导 $g_m=1mS$，画出放大电路的微变等效电路，并估算 $\dot{A}_u$、R_i 和 R_o 的值。

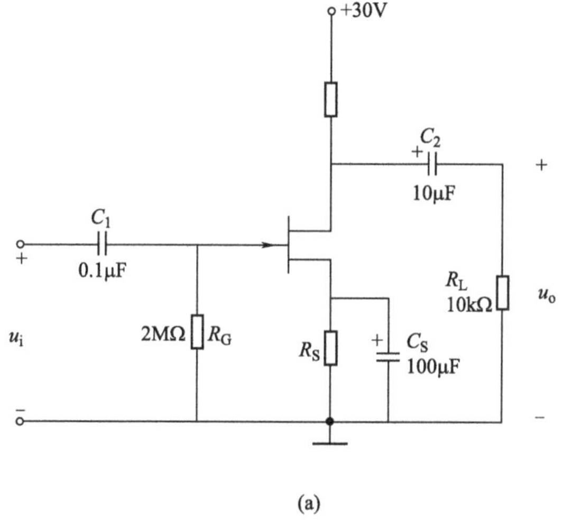

(a)

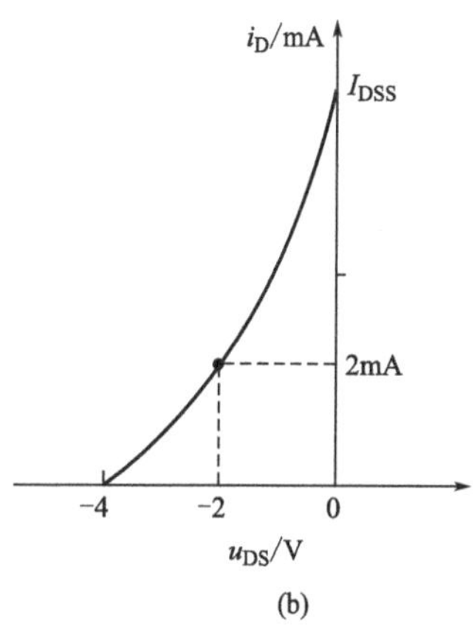

(b)

图　2-15

15. 电路如图 2-16 所示，3DJ6 的 $g_m=1.8\text{mS}$，$R_G=5.1\text{M}\Omega$，$R_D=10\text{k}\Omega$，$R_{S1}=2\text{k}\Omega$，$R_{S2}=10\text{k}\Omega$。

(1) 画出微变等效电路。

(2) 估算 $\dot{A}_u$、R_i、R_o 的值。

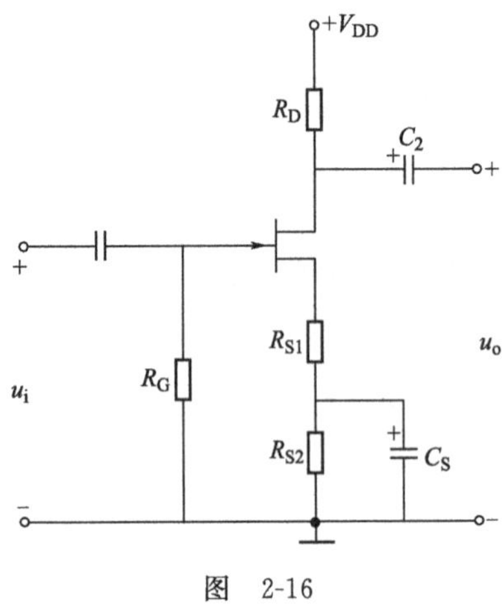

图 2-16

16. 场效应晶体管放大电路如图 2-17 所示。

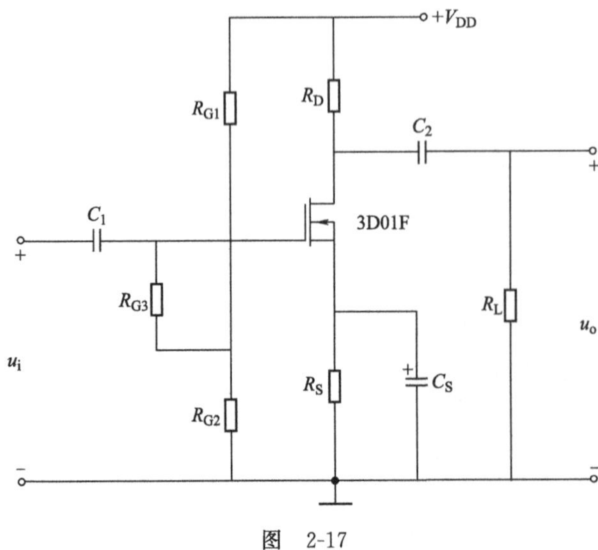

图 2-17

（1）查阅电子器件手册，写出 3D01F 管的 I_{DSS}、$U_{GS(off)}$ 和 g_m 参数值。

（2）画出该放大电路的微变等效电路。

（3）写出 $\dot{A}_u$、R_i 和 R_o 的表达式。

（4）若 C_S 开路，$\dot{A}_u$、R_i、R_o 是否零变化？如何变化（写出变化后的表达式）？

17. 电路如图 2-18 所示，增强型 MOS 场效应晶体管的 $U_{GS(th)}=2V$，$I_{D0}=1mA$。$R_G=2M\Omega$，$R_1=150k\Omega$，$R_2=50k\Omega$，$R_D=3k\Omega$，$V_{DD}=24V$。

（1）估算静态工作电流 I_D 的值。

（2）若工作点处的 $g_m=2mS$，求 $\dot{A}_u$ 的值。

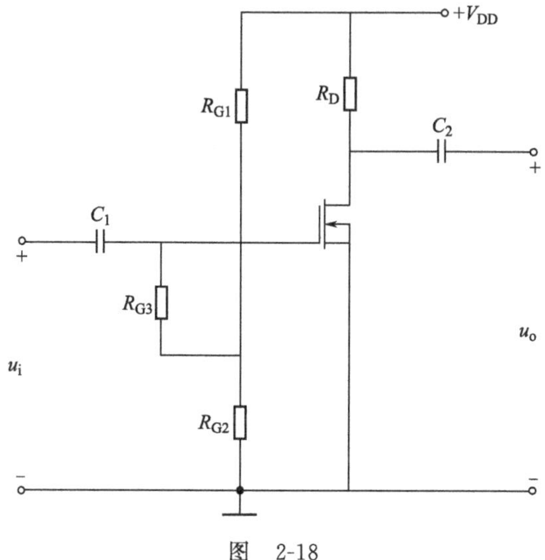

图　2-18

18. 电路如图 2-19 所示，管子工作点处的 $g_m=1\text{mS}$，$R_{G3}=1\text{M}\Omega$，$R_{G1}=2\text{M}\Omega$，$R_{G2}=470\text{k}\Omega$，$R_S=R_L=10\text{k}\Omega$。

(1) 写出场效应晶体管的类型和电路名称。

(2) 估算电路电压放大倍数 $\dot{A}_u$、输入电阻 R_i 和输出电阻 R_o。

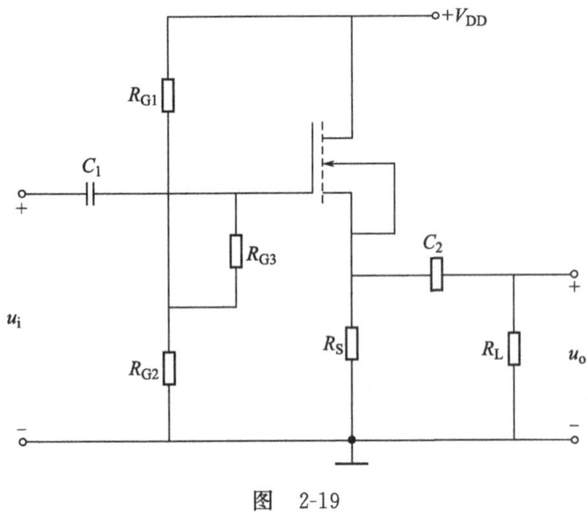

图 2-19

19. 两级放大电路如图 2-20 所示，电阻 $R_G=2\text{M}\Omega$，$R_D=20\text{k}\Omega$，$R_S=1\text{k}\Omega$，$R_C=5\text{k}\Omega$，场效应晶体管的工作点处的 $g_m=2\text{mS}$，三极管的 $\beta=50$，$r_{BE}=1\text{k}\Omega$。试画出微变等效电路，并估算总的电压放大倍数 $\dot{A}_u$ 的值。

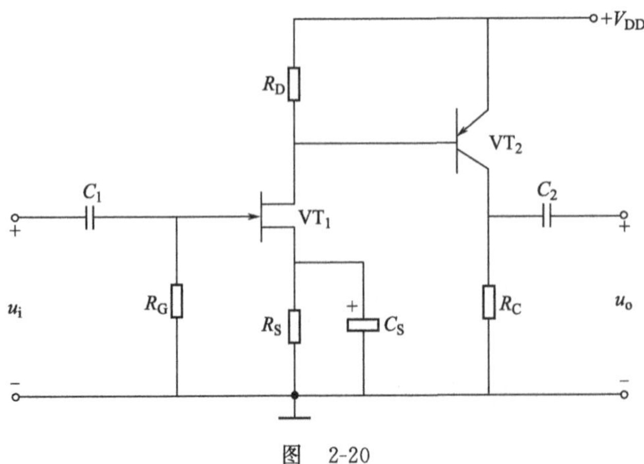

图 2-20

2.3 差分放大电路

一、填空

1. 差动放大电路中，因温度或电源电压等因素引起的两管零点漂移电压可视为模信号，差动电路对该信号有________作用。对于有用信号，可视为________模信号，差动电路对其有________作用。

2. 差动放大电路的两个输入端电压分别 $U_{i1}=2.00$mV，$U_{i2}=1.98$mV，则该电路的差模输入电压 U_{ID} 为________mV，共模输入电压 U_{IC} 为________mV。

3. ________耦合放大电路的零点漂移会被后级放大，采用差动放大电路的主要目的是克服________。

4. 基本差动放大电路利用电路的________特性，抑制零点漂移。

5. 共模抑制比 K_{CMR} 等于________之比。电路的 K_{CMR} 越大，表明电路________能力越强。

6. 长尾电路的对称性越好，R_E 的负反馈作用越________，则差动放大电路抑制零点漂移的能力越好________，它的 K_{CMR} 越________。

7. 差模电压增益 A_{uD} 等于________之比。A_{uD} 越大，表示对________信号的放大能力越大。

8. 共模电压增益 A_{uC} 等于________之比。A_{uC} 越大，表示对________信号的抑制能力越弱。

9. 双端输出时，差模电压增益等于________，共模电压增益近似为________，共模抑制比趋于________。

10. 差动放大电路有________个信号输入端和________个信号输出端，因此有________个不同的连接方式。

11. 差动放大电路的四种连接方式分别是________、________、________和________。

二、选择

1. 直接耦合放大电路产生零点漂移的主要原因是（　　）。

A. 电压放大倍数太大

B. 环境温度的变化引起的参数变化

C. 外界干扰

2. 差动放大电路的主要作用是（　　）。

A. 提高电压放大倍数　B. 增大输入电阻　C. 抑制零点漂移

3. 差模输入信号是两个输入端信号的（　　）。

A. 差　B. 和　C. 比值　D. 平均值

4. 共模输入信号是两个输入端信号的（　　）。

A. 差　B. 和　C. 比值　D. 平均值

5. 直接耦合放大电路的放大倍数越大，在输出端出现的零点漂移现象越（　　）。

A. 严重　　B. 轻微　　C. 与放大倍数无关

6. 在相同条件下，阻容耦合放大电路的零点漂移（　　）。

A. 比直接耦合电路大　B. 比直接耦合电路小　C. 与直接耦合无关

7. 在长尾式差动放大电路中，两个放大晶体管发射极的公共电阻 R_E 的主要作用是（　　）。

A. 提高差模输入电阻　　B. 提高差模电压放大倍数

C. 提高共模电压放大倍数　　D. 提高共模抑制比

三、判断

1. 差动放大电路有四种接法，差模电压放大倍数仅取决于输出端接法，而与输入端接法无关。（　　）

2. 单端输入与双端输入的差模输入电阻相等。（　　）

3. 单端输出与双端输出的差模输出电阻相等。（　　）

4. 单端输入比双端输入抑制零漂的能力强。（　　）

5. 要将浮动的信号转换成一端对地的信号，可采用双端输入单端输出的接法。（　　）

四、计算题

1. 对于某一个差动放大电路，当输入的共模信号为 10mV 时，输出信号电压为 25mV；当输入的差模信号为 10mV 时，输出信号电压为 3V。求共模抑制比 K_{CMR}。

2. 如图 2-21 所示的差动放大电路，已知三极管 $\beta=40$，$r_{BE}=8.2\text{k}\Omega$。当输入信号 $u_{I1}=603\text{mV}$，$u_{I2}=597\text{mV}$ 时，求电路在理想对称条件下的输出电压 U_o。（$R_B=1.8\text{k}\Omega$，$R_C=75\text{k}\Omega$，$R_E=56\text{k}\Omega$，$R_L=30\text{k}\Omega$，$V_{CC}=V_{EE}=15\text{V}$）。

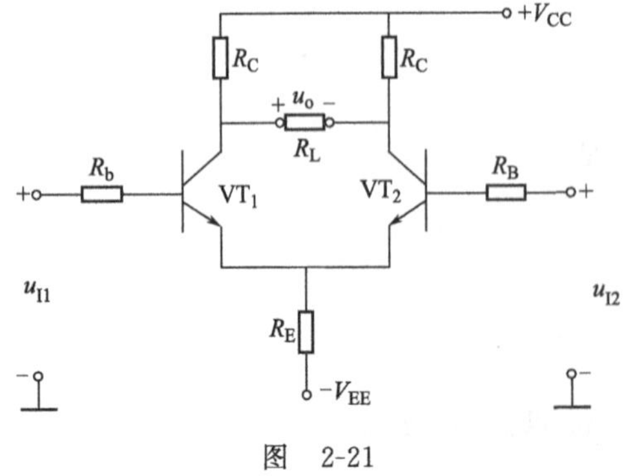

图　2-21

2.4 功率放大电路

一、填空

1. 功率放大电路处于多级放大电路的__________级，其任务是向负载提供足够大的__________。

2. 功率放大电路能高效率地把__________的能量按照输入信号的变化规律转化为交流电能并传送给负载。

3. 为了使功率放大电路获得足够大的输出功率，要求功放管（功率放大电路中的三极管）的输出__________和__________幅度足够大，因此管子往往工作于接近极限状态。

4. 对功率放大电路的要求是输出功率尽可能______，效率尽可能______，非线性失真尽可能__________。

5. 功率放大电路工作时，功放管的集电结会消耗一部分功率，导致结温及管壳温度升高。为避免管子性能受影响，应加装____________，以降低管壳温度。

6. 功率放大电路的主要技术指标是________、________、________、________。

7. 功率放大电路按晶体管静态工作点的位置不同，分为______类、______类和____类。

8. 乙类互补功率放大电路会出现________失真，产生失真的原因是________________。

9. OTL 和 OCL 功放电路都是由两个对称的________输出器组合而成，只是两只配对管类型不同，轮流放大信号的________半周，在负载上合成完整的放大信号。OTL 电路采用__________供电，与负载采用________耦合，最大输出功率 $P_{om}=$____________。

10. OCL 电路采用_______________供电，与负载采用__________耦合，最大输出功率 $P_{om}=$______________。

11. 互补对称功放电路中，接入自举电容，可使放大器功率增益____________。输出功率为 200W 的 OCL 功放电路，单管的最大功耗 $P_N \geqslant$______。

12. 集成功率放大器一般由________、________和______三部分构成。

13. LM386 小功率音频集成功放具有__________低、______宽、________大和外接元件少等优点。

14. TDA2030 集成功率放大器只有________只引脚，外接元件少，其内部有______保护、________保护电路，可构成________电路，也可构成________电路。

15. LH0101 集成功率放大器是由____________和____________组成，简称__________运放。

16. 为了功放管工作安全，在集成电路内部均有________电路，防止功放管过________、过________和过________。

二、选择

1. 下列三种功率放大电路中，效率最高的是（　　）。

A. 甲类　　　　B. 乙类　　　　C. 甲乙类

2. 对甲类功率放大电路（参数确定）来说，输出功率越大，则电源提供的功率（　　）。

A. 不变　　　　　　B. 越大　　　　　　C. 越小

3. 所谓能量转换效率，是指（　　）。

A. 输出功率与晶体管上消耗的功率之比

B. 最大不失真输出功率与电源提供的功率之比

C. 输出功率与电源提供的功率之比

4. 乙类互补功率放大电路的效率在理想情况下可达（　　）。

A. 78.5%　　　　　　B. 75%　　　　　　C. 72.5%

5. 功率放大电路中采用乙类工作状态是为了（　　）。

A. 提高输出功率　　　　B. 提高效率　　　　C. 提高放大倍数　　　　D. 提高负载能力

6. 乙类互补功率放大电路存在的主要问题是（　　）。

A. 输出电阻太大　　　　B. 能量转换效率低　　　　C. 有交越失真

7. 乙类互补功放电路的交越失真，实质上就是（　　）。

A. 线性失真　　　　B. 饱和失真　　　　C. 截止失真

8. 为了消除交越失真，应当使功率放大电路的功放管工作在（　　）状态。

A. 甲类　　　　B. 甲乙类　　　　C. 乙类

9. 同样输出功率的 OCL 和 OTL 功放电路最大的区别是（　　）。

A. 有电容输出耦合　　　　B. 双电源和单电源　　　　C. 晶体管不同

10. OTL 电路负载电阻 $R_L=10\Omega$，电源电压 $R_{CC}=20V$。忽略晶体管的饱和压降时，其最大不失真输出功率为（　　）W。

A. 5　　　　B. 10　　　　C. 20　　　　D. 40

11. OTL 电路输出耦合电容的作用是（　　）。

A. 隔直耦合　　　　B. 对地旁路　　　　C. 相当于提供负电源

12. OCL 电路负载电阻 $R_L=10\Omega$，电源电压 $V_{CC}=20V$。忽略晶体管的饱和压降时，其最大不失真输出功率为（　　）W。

A. 5　　　　B. 10　　　　C. 20　　　　D. 40

13. 在如图 2-22 所示电路中，二极管 VD_1 和 VD_2 的作用是（　　）。

A. 增大输出功率　　　　B. 减小交越失真　　　　C. 减小晶体管的穿透电流

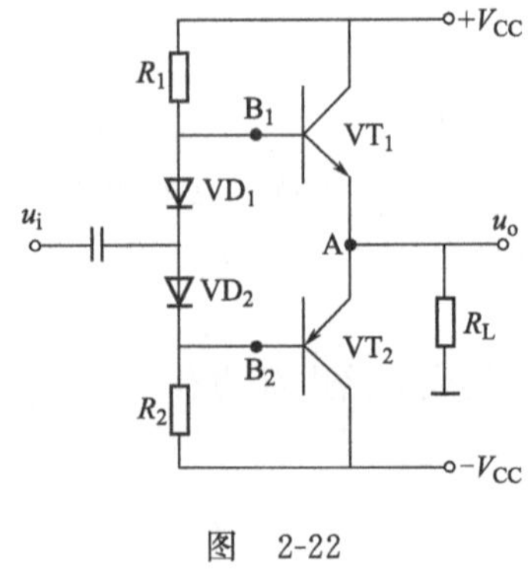

图　2-22

三、计算

1. 某收音机的功放电路为甲乙类推挽功放电路，已知 V_{CC} 为 6V，负载电路电阻为 8Ω，

输出变压器匝数比 $n=2.5$。求最大输出功率、直流电源提供的功率和管耗。

2. 在如图 2-23 所示的互补对称电路中，已知 $V_{CC}=6V$，$R_L=8\Omega$，假设三极管的饱和管压降 $U_{CES}=1V$。试估算：

(1) 电路的最大输出功率 P_{om}。

(2) 电路中直流电源消耗的功率 P_V 和效率 η。

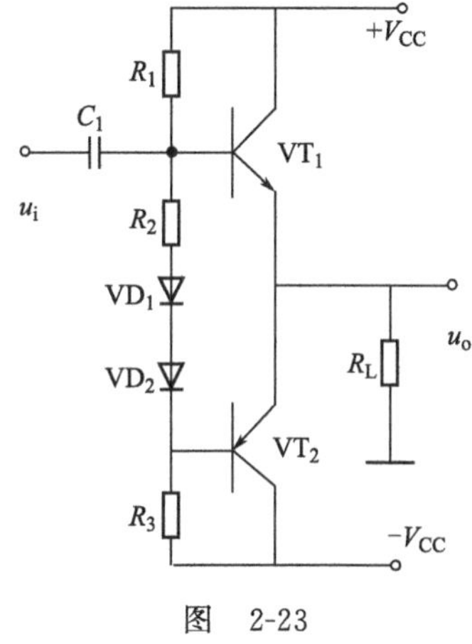

图　2-23

3. 在如图 2-24 所示的互补对称电路中，已知 $V_{CC}=6V$，$R_L=8\Omega$，假设三极管的饱和管压降 $U_{CES}=1V$。试估算：

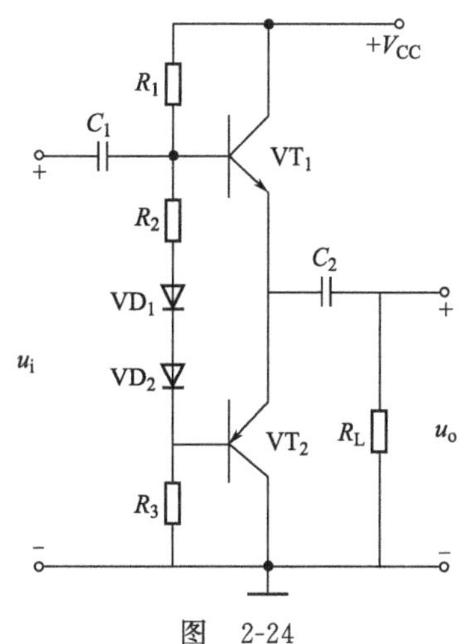

图　2-24

（1）电路的最大输出功率 P_{om}。

（2）电路中直流电源消耗的功率 P_V 和效率 η。

4. 图 2-25 所示是双电源时 TDA2030 构成的典型应用电路，试说明：

（1）TDA2030 的 1、2、3、4、5 引脚的功能。

（2）R_1、R_2 和 C_2 构成什么电路。

（3）VD_1 与 VD_2 的作用。

（4）R_4 与 C_5 的作用。

（5）C_3 与 C_4 的作用。

（6）C_1 与 C_2 的作用。

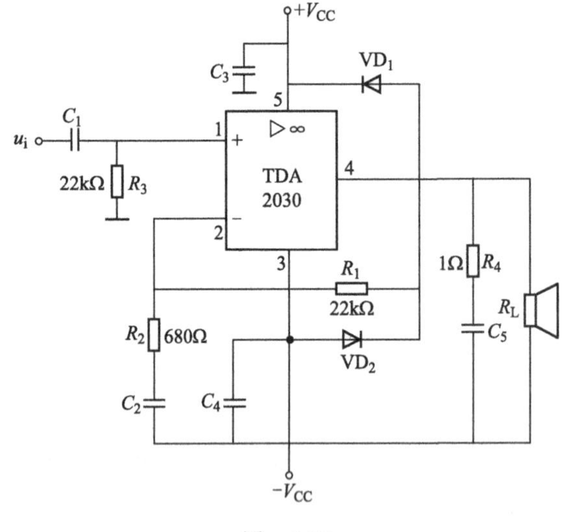

图 2-25

第3章 集成运算放大器

3.1 集成运算放大器

一、填空

1. 集成运算放大电路是______增益的______耦合放大电路，内部主要由__________、__________、__________、__________四部分电路组成。

2. 为了抑制直流放大器零点的温度漂移，可采用______补偿电路或________电路，采用______电路更理想。

3. 理想运放的参数具有以下特性：开环差模电压放大倍数 A_{ud} 为________，开环输入电阻 R_{id}________，输出电阻 R_o________，共模抑制比 K_{CMR}________。

4. 集成运算放大器有两个工作区，分别是__________和__________。

5. 理想集成运放工作在线性区的两个特点是________和________。

6. 理想集成运放工作在非线性区的两个特点是__________和__________。

7. 由于集成运放存在着________，所以使用时要外接调零电位器对它调零。

8. 根据下列要求，将应优先考虑使用的集成运放填入空内。已知现有集成运放的类型是：①通用型；②高阻型；③高速型；④低功耗型；⑤高压型；⑥大功率型；⑦高精度型。

(1) 作低频放大器，应选用______。

(2) 作宽频带放大器，应选用______。

(3) 作幅值为 1μV 以下微弱信号的量测放大器，应选用______。

(4) 作内阻为 100kΩ 信号源的放大器，应选用______。

(5) 负载需 5A 电流驱动的放大器，应选用______。

(6) 要求输出电压幅值为±80 的放大器，应选用______。

(7) 宇航仪器中所用的放大器，应选用______。

二、选择

1. 对于放大电路，所谓开环，是指（　　）。

A. 无信号源　　B. 无反馈通路　　C. 无电源　　D. 无负载

2. 所谓闭环，是指（　　）。

A. 考虑信号源内阻　B. 存在反馈通路　C. 接入电源　D. 接入负载

3. 运算放大电路中的级间耦合通常采用（　　）。

A. 阻容耦合　B. 变压器耦合　C. 直接耦合　D. 电感抽头耦合

4. 集成运放电路采用直接耦合方式，是因为（　　）。

A. 可获得很大的放大倍数　B. 可使温漂小　C. 集成工艺难以制造大容量电容

5. 集成运放输入级一般采用的电路是（　　）。

A. 差分放大电路　B. 射极输出电路　C. 共基极电路　D. 共射极电路

6. 集成运放的输入级采用差分放大电路，是因为可以（　　）。

A. 减小温漂　B. 增大放大倍数　C. 提高输入电阻

7. 为增大电压放大倍数，集成运放的中间级多采用（　　）。

A. 共射放大电路　B. 共集放大电路　C. 共基放大电路

8. 工作在线性区的运算放大器应置于（　　）状态。

A. 深度负反馈　B. 开环　C. 正反馈　D. 无反馈

9. 工作在非线性区的运算放大器不应置于（　　）状态。

A. 深度负反馈　B. 开环　C. 正反馈

10. 对于工作在非线性区的理想运算放大器，当输出电压 $u_o=-U_{o(sat)}$ 时，运算放大器同相输入端和反相输入端之间的关系是（　　）。

A. $u_P<u_N$　B. $u_P=u_N$　C. $u_P>u_N$　D. $u_P\neq u_N$

11. 集成运放的电压传输特性之中的线性运行部分的斜率越陡，表示集成运放的（　　）。

A. 闭环放大倍数越大　B. 开环放大倍数越大

C. 抑制漂移的能力越强　D. 对放大倍数没有影响

12. 通用型集成运放适用于放大（　　）。

A. 高频信号　B. 低频信号　C. 任何频率的信号

13. 集成运放制造工艺使得同类半导体管的（　　）。

A. 指标参数准确　B. 参数不受温度影响　C. 参数一致性好

三、计算

1. 电路如图 3-1 所示，求输出电压 u_o 和输入电压 u_i 之间运算关系的表达式。

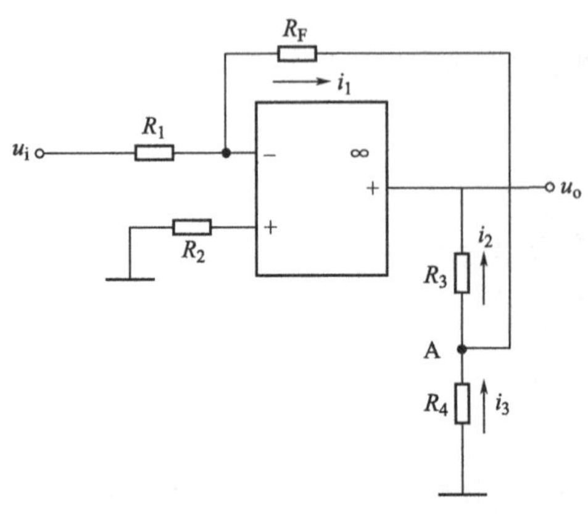

图　3-1

2. 在图 3-2 所示电路中，已知 $R_1=2\mathrm{k}\Omega$，$R_2=2\mathrm{k}\Omega$，$R_F=10\mathrm{k}\Omega$，$R_3=18\mathrm{k}\Omega$，$u_i=2\mathrm{V}$，求 u_o。

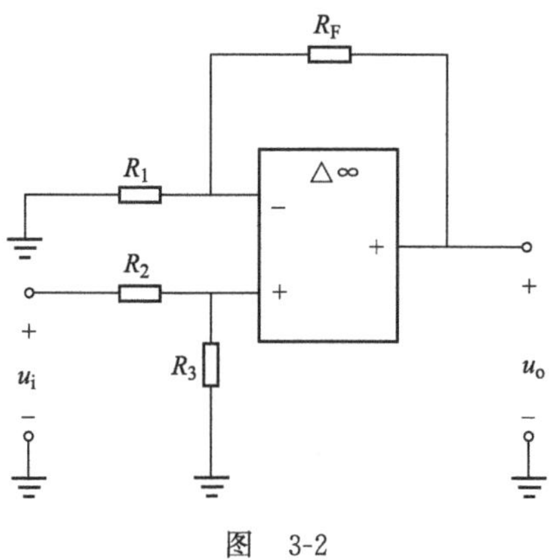

图 3-2

3. 集成运算放大器如图 3-3 所示，试分析计算在下述两种情况下的 A_{uf}：(1) 开关 S 闭合时；(2) 开关 S 断开时。

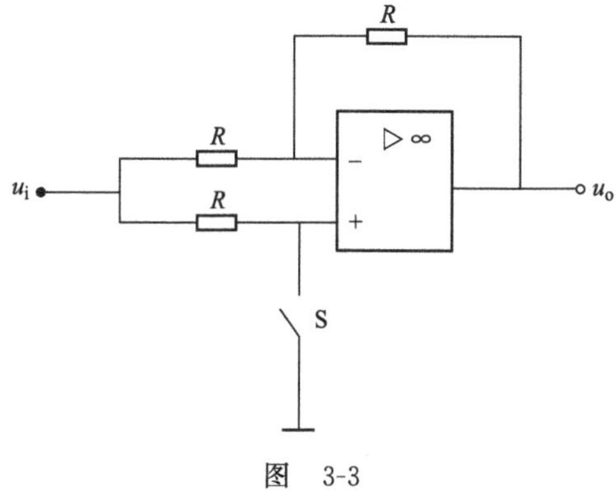

图 3-3

3.2 反馈

一、填空

1.将________信号的一部分或全部返送到输入回路，称为反馈。

2.按反馈极性不同，分为________和________两大类。其中，________用于改善放大器的特性，________用在振荡电路之中。

3.正反馈使放大倍数________，负反馈使放大倍数________。

4.按反馈信号的取出与输入端的连接方式，分为四种类型，分别是________、________、________和________。

5.根据反馈电路的________，可判别是串联还是并联反馈。通常采用______来判别正反馈或是负反馈。

6.选择填空（A.直流负反馈；B.交流负反馈；C.交流正反馈）

（1）在放大电路中，为了稳定静态工作点，可以引入________。

（2）若要稳定放大倍数，应引入________。

（3）在某些场合，为了提高放大倍数，可适当引入________。

（4）希望展宽频带，可以引入________。

（5）若要改变输入、输出电阻，可以引入________。

（6）为了抑制温漂，可以引入________。

7.选择填空（A.电压；B.电流；C.提高；D.降低）

（1）电压串联负反馈能稳定输出________，并能使输入电阻________。

（2）电压并联负反馈能稳定输出________，并能使输入电阻________。

（3）电流串联负反馈能稳定输出________，并能使输入电阻________。

（4）电流并联负反馈能稳定输出________，并能使输入电阻________。

8.选择填空（A.电压串联；B.电压并联；C.电流串联；D.电流并联）

（1）对于某仪表中的放大电路，要求输入电阻大、输出电流稳定，应选用______负反馈。

（2）对于某放大电路，放大的信号是传感器产生的电压信号（几乎不能提供电流），希望放大后的输出电压与信号电压成正比，应选________负反馈。

9.反馈放大器是以损失________为代价，换取放大电路性能的改善。

10.深度负反馈的条件是________。

11.某负反馈放大电路的开环放大倍数为50，反馈系数为0.02，则反馈深度为______，闭环放大倍数为________。

二、选择

1.反馈放大电路的含义是（　　）。

A.输出与输入之间有信号通路

B.电路中存在反向传输的信号通路

C. 除放大电路以外，还有信号通路

2. 构成反馈网络的元器件（　　）。

A. 只能是电阻、电容、电感等无源元件

B. 只能是晶体管或集成运算放大器等有源器件

C. 可以是无源元件，也可以是有源器件

3. 串联负反馈的净输入量是（　　）。

A. 电压　　B. 电流　　C. 电压或电流

4. 并联负反馈的净输入量是（　　）。

A. 电压　　B. 电流　　C. 电压或电流

5. 要使放大器向信号源索取电流小，同时输出电压稳定，应引入（　　）负反馈。

A. 电流串联　　B. 电压并联　　C. 电压串联　　D. 电流并联

6. 射极跟随器是（　　）负反馈。

A. 电压串联　　B. 电压并联　　C. 电流串联　　D. 电流并联

7. 引入电压并联负反馈，可使放大器的（　　）。

A. 输出电压稳定，输入电阻减小　　B. 输出电阻减小，输出电流稳定

C. 输出电阻减小，输入电阻增大　　D. 输出电流稳定，输入电阻增大

8. 引入电流串联负反馈，可使放大器的（　　）。

A. 输出电压稳定，输入电阻减小　　B. 输出电阻减小，输出电流稳定

C. 输出电阻减小，输入电阻增大　　D. 输出电流稳定，输入电阻增大

9. 若放大电路放大的信号是传感器产生的电压信号（几乎不能提供电流），希望放大后的输出电压与信号电压成正比，应选（　　）负反馈。

A. 电压串联　　B. 电压并联　　C. 电流串联　　D. 电流并联

10. 放大器引入负反馈后，它的性能变化是（　　）。

A. 放大倍数下降，信号失真减小

B. 放大倍数下降，信号失真加大

C. 放大倍数增大，信号失真减小

D. 放大倍数不变，信号失真减小

11. 负反馈改善非线性失真，正确的说法是（　　）。

A. 能使输入波形的失真得到修正

B. 使输出信号波形近似为正弦波

C. 使输出信号如实呈现输入信号波形

D. 使输出信号的正、负半周幅度相同

12. 反馈系数的定义式为 $F=$（　　）。

A. $1+A_u$　　B. $\dfrac{u_f}{u_i}$　　C. $\dfrac{u_o}{u_f}$　　D. $\dfrac{u_f}{u_o}$

13. 负反馈放大器的反馈深度等于（　　）。

A. $1+A_f F$　　B. $1+AF$　　C. $\dfrac{1}{1+AF}$　　D. $1-AF$

14. 负反馈能减小非线性失真，是指（　　）。

A. 使放大器的输出电压的波形与输入信号的波形基本一致

B. 不论输入波形是否失真，引入负反馈后，总能使输出为正弦波

C. 以上表述都不对

15. 在放大电路中，为了稳定静态工作点，可以引入（　　）。

A. 直流负反馈　　　　B. 交流负反馈

C. 交流正反馈　　　　D. 直流正反馈

16. 在放大电路中，为了稳定电压放大倍数，可以引入（　　）。

A. 直流负反馈　　　　B. 交流负反馈

C. 交流正反馈　　　　D. 直流正反馈

三、判断

1. 若放大电路的放大倍数为负，则引入的反馈一定是负反馈。（　　）

2. 若放大电路引入负反馈，则负载电阻变化时，输出电压基本不变。（　　）

3. 在负反馈放大电路中，放大器的放大倍数越大，闭环放大倍数越稳定。（　　）

4. 在负反馈放大电路中，在反馈系数较大的情况下，只有尽可能地增大开环放大信号，才能有效地提高闭环放大倍数。（　　）

5. 在深度负反馈的条件下，闭环放大倍数 $A_F \approx 1/F$，它与负反馈有关，与放大器开环放大倍数 A 无关，故可以省去放大通路，仅留下反馈网络，来获得稳定的放大倍数。（　　）

6. 在深度负反馈的条件下，由于闭环放大倍数 $A_F \approx 1/F$，与管子参数 β 几乎无关，因此，可以任意选用晶体管来组成放大级。（　　）

7. 负反馈只能改善反馈环路内的放大性能，对反馈环路外无效。（　　）

8. 若放大电路负载固定，为使其电压放大倍数稳定，可以引入电压负反馈，也可以引入电流负反馈。（　　）

9. 电压负反馈可以稳定输出电压，流过负载的电流必然稳定。因此，电压负反馈和电流负反馈都可以稳定输出电流。在这一点上，电压负反馈和电流负反馈没有区别。（　　）

10. 负反馈能减小放大电路的噪声，因此无论噪声是输入信号中混合的，还是反馈环路内部产生的，都能使输出端的信噪比得到提高。（　　）

11. 由于负反馈可展宽频带，所以只要负反馈足够深，就可以用低频管代替高频管组成放大电路来放大高频信号。（　　）

四、分析

1. 在图 3-4 所示各电路中，判别其反馈极性是正反馈还是负反馈？反馈量是交流、直流，还是交直流？(判别结论在表 3-1 中用“√”标出)。

表 3-1

电路图	反馈极性		反馈量		
	正反馈	负反馈	交　流	直　流	交直流
(a)					
(b)					
(c)					
(d)					

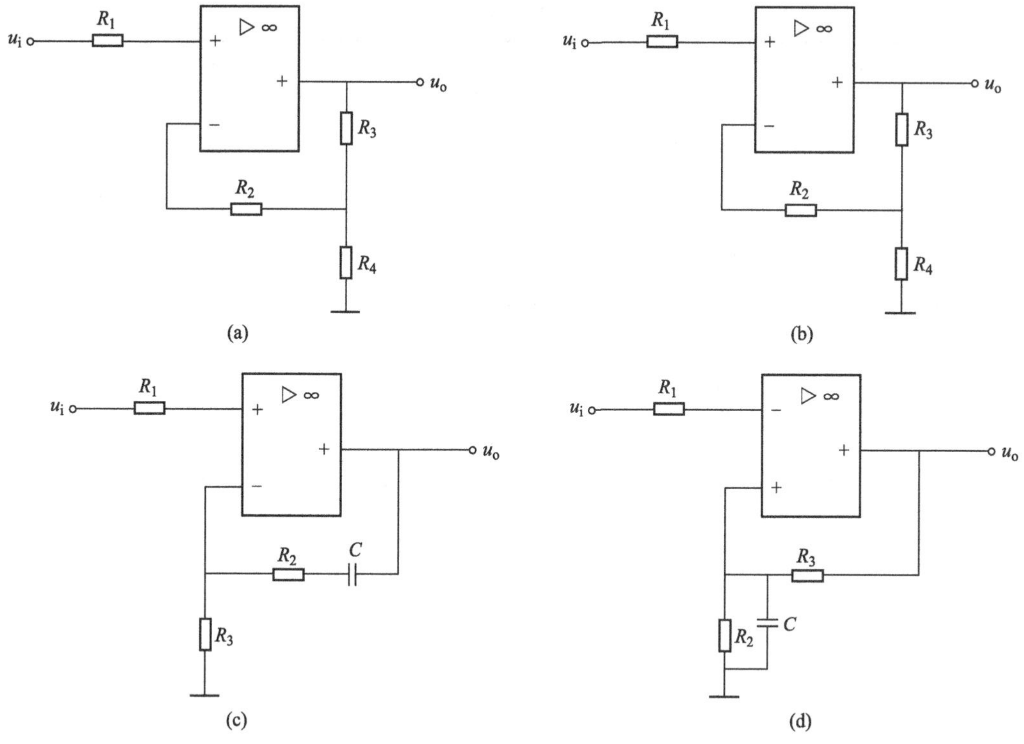

图　3-4

2. 在图 3-5 所示各电路中，判别越级反馈的极性是正反馈，还是负反馈（判别结论在表 3-2 中用“√”标出）。

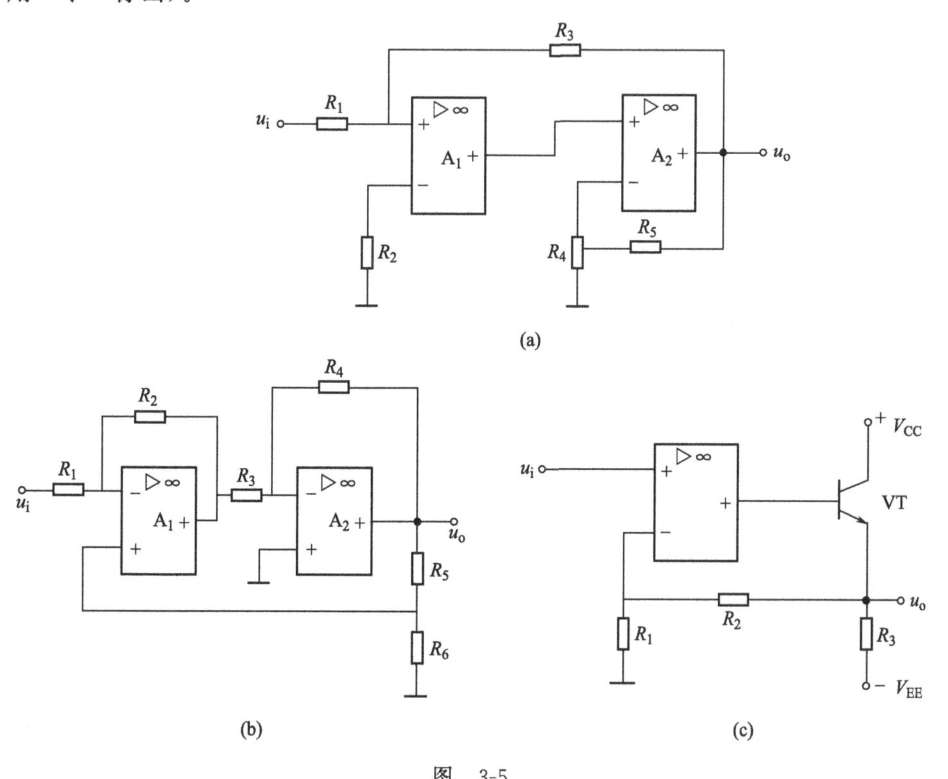

图　3-5

表 3-2

电路图	正反馈	负反馈
(a)		
(b)		
(c)		

3. 判别图 3-6 所示各电路的反馈类型（判别结论在表 3-3 中用“√”标出）。

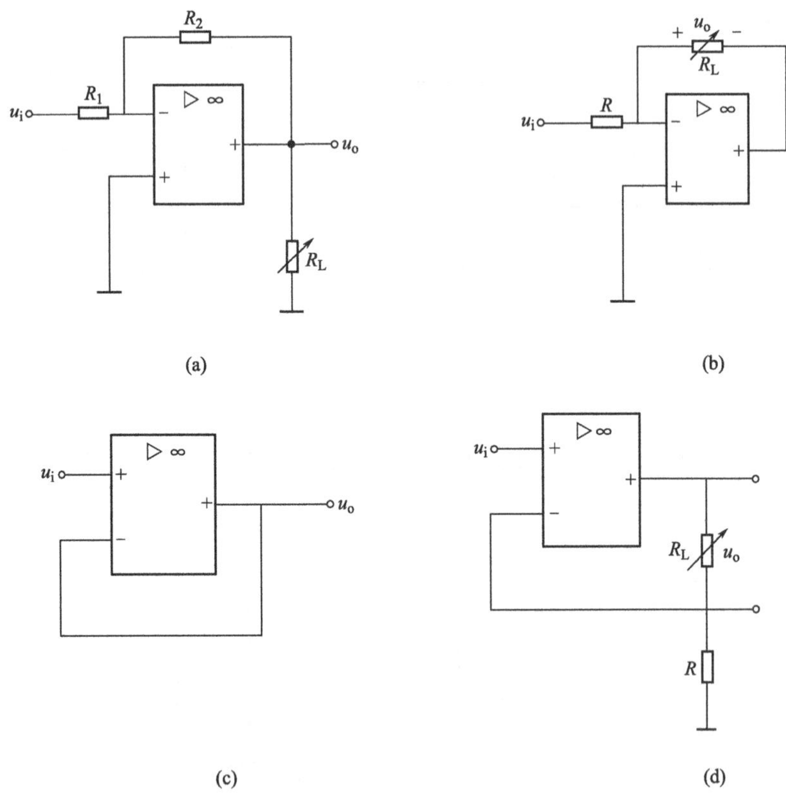

图 3-6

表 3-3

电路图	(a)	(b)	(c)	(d)
电压串联				
电压并联				
电流串联				
电流并联				

4. 判别图 3-7 所示各电路的反馈类型，并指出（交流）反馈元件（判别结论在表 3-4 中用“√”标出）。

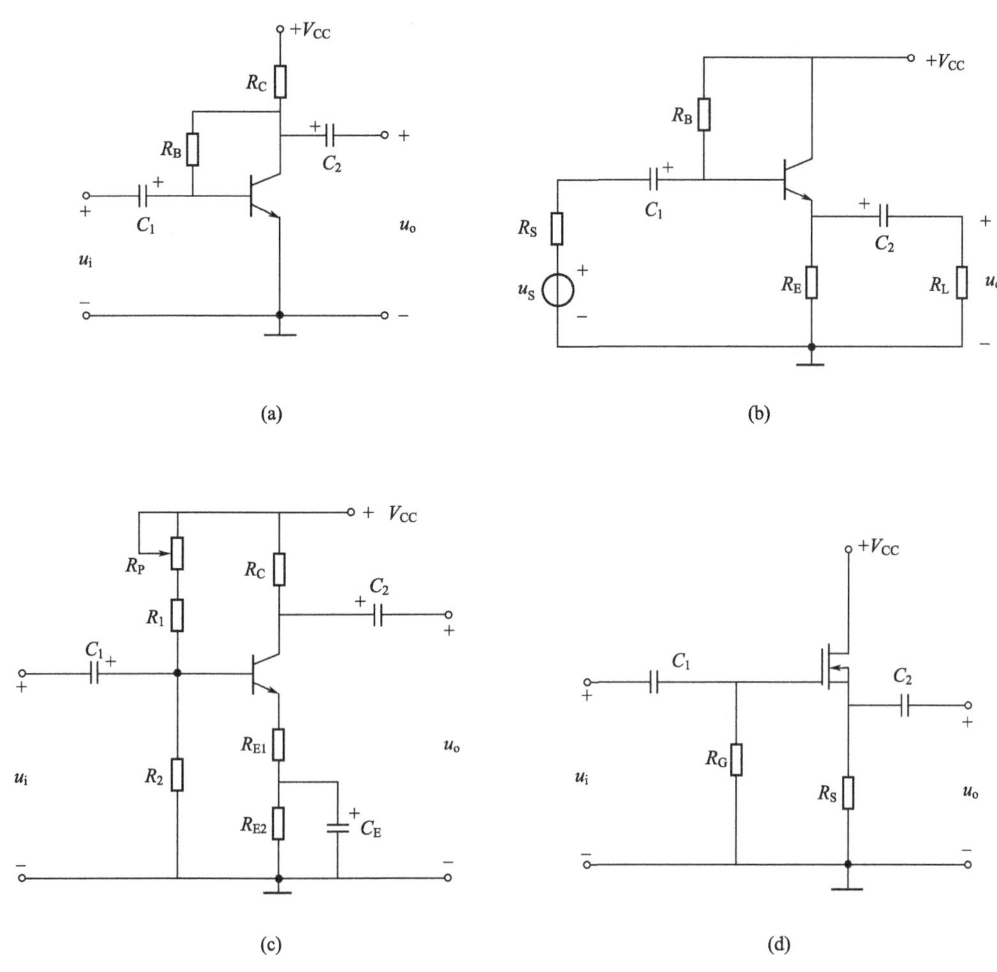

图 3-7

表 3-4

电路图	反馈类型	电压串联	电压并联	电流串联	电流并联	反馈元件
(a)	负反馈					
	正反馈					
(b)	负反馈					
	正反馈					
(c)	负反馈					
	正反馈					
(d)	负反馈					
	正反馈					

5. 判别图 3-8 所示各电路的反馈类型（判别结论在表 3-5 中用“√”标出）。

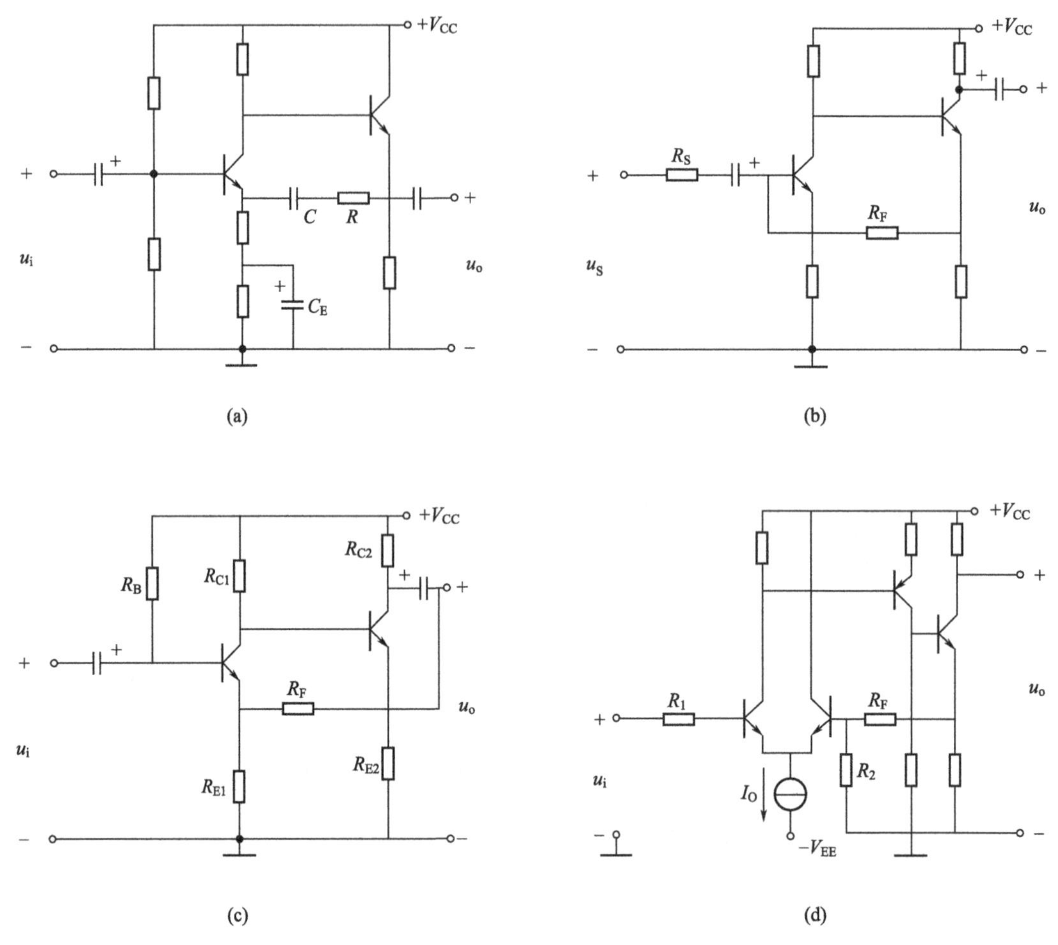

图 3-8

表 3-5

电路图	反馈类型	电压串联	电压并联	电流串联	电流并联
(a)	负反馈				
	正反馈				
(b)	负反馈				
	正反馈				
(c)	负反馈				
	正反馈				
(d)	负反馈				
	正反馈				

6. 电路如图 3-9 所示，试分别判断其反馈类型。

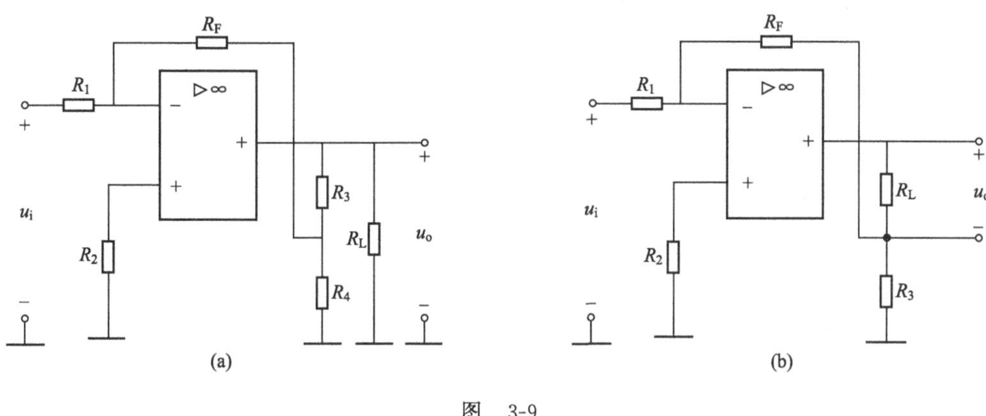

图 3-9

五、计算

1. 有一个负反馈放大电路，$A=10^3$，$F=0.099$。已知输入信号 $u_i=0.1\text{V}$，求其净输入信号 u_i'、反馈信号 u_f 和输出信号 u_o。

2. 有一个负反馈放大电路，$A=10^5$，$F=0.01$，问：(1) 闭环增益 A_f 多大？(2) 如果由于温度变化，使 A 增大了 10%，则 A_f 变化百分之多少？

3. 某放大电路的开环增益为 10^5，频带宽度为 10Hz。如果要求它的频带宽度为 10kHz，应引入的负反馈深度为多大？

4. 负反馈可以展宽放大电路的通频带，图 3-10 中画出了两种波特图，你认为其中的哪一种是正确的？

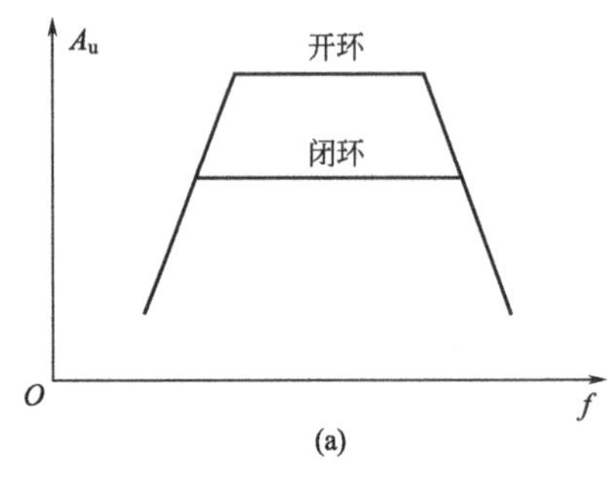

(a)

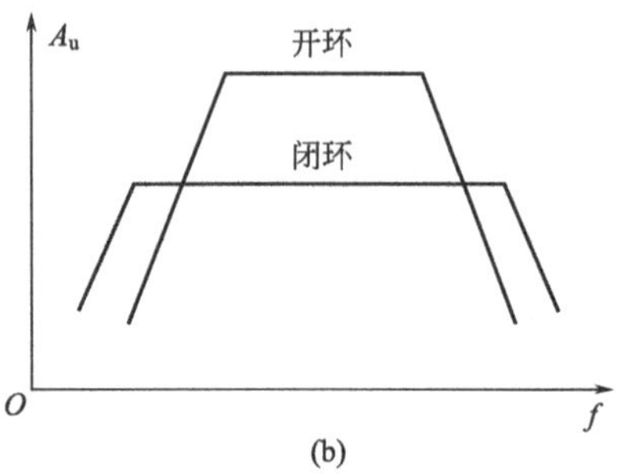

(b)

图 3-10

3.3 集成运算放大器的应用电路

一、填空

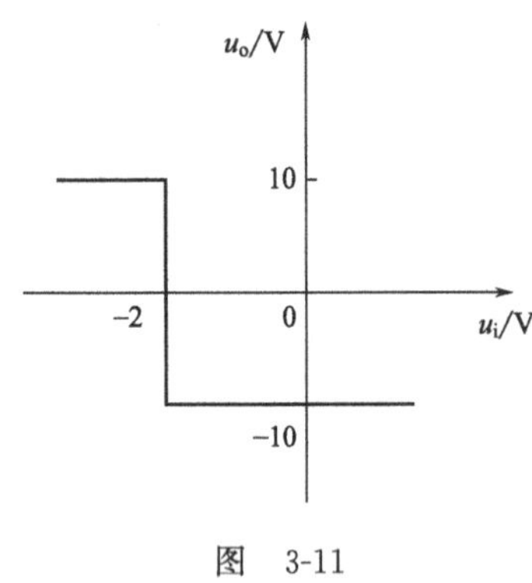

图 3-11

1. 单值电压比较器有个__________门限电压，迟滞电压比较器有个__________门限电压。

2. 电压传输特性如图 3-11 所示，参考电压是__________V，输出电压是__________V；输入信号加在__________输入端。

3. 迟滞电压比较器回差电压的大小与__________和__________有关。

二、选择

1. 由理想集成运算放大电路构成的比例运算电路，其电路增益与运放本身的参数是（　　）。

A. 有关　　B. 无关　　C. 有无关系不确定

2. 在多个输入信号情况下，要求各输入信号互不影响，采用（　　）方式的电路。

A. 反相输入　　B. 同相输入　　C. 双端输入

3. 如要求能放大两个信号的差值，又能抑制共模信号，采用（　　）方式的电路。

A. 反相输入　　B. 同相输入　　C. 双端输入

4.（　　）输入式比例运算电路的输入电阻大。

A. 反相　　B. 同相　　C. 同相和反相

5.（　　）输入式比例运算电路的输入电流基本上等于流过反馈电阻的电流，而（　　）输入式比例运算电流的输入电流几乎等于零，所以（　　）输入式比例运算电路的输入电阻大。

A. 同相　　B. 反相　　C. 双端

6. 在进行反相比例放大时，集成运算放大器的两个输入端的共模信号约为（　　）。同相输入比例放大时，集成运放的两个输入端的共模信号约为（　　）。

A. 0　　　　B. u_i　　　　C. $+V_{CC}$　　　　D. $-V_{CC}$

7. 现有电路：

A. 反相比例运算电路B. 同相比例运算电路C. 积分运算电路

D. 微分运算电路　　E. 加法运算电路　　F. 乘方运算电路

选择一个合适的答案填入括号。

(1) 欲将正弦波电压移相+90°，应选用（　　）。

(2) 欲将正弦波电压转换成二倍频电压，应选用（　　）。

(3) 欲将正弦波电压叠加上一个直流量，应选用（　　）。

(4) 欲实现 $A_u=-100$ 的放大电路，应选用（　　）。

(5) 欲将方波电压转换成三角波电压，应选用（　　）。

(6) 欲将方波电压转换成尖顶波电压，应选用（　　）。

8. 工作在开环状态下的电压比较器 $u_o=\pm U_{o(sat)}$，$U_{o(sat)}$ 的大小由（　　）决定。

A. 运算放大器的开环放大倍数　　　　B. 外电路参数

C. 运算放大器的工作电源

9. 下列关于迟滞电压器的说法，不正确的是（　　）。

A. 迟滞电压比较器有两个门限电压

B. 构成迟滞电压比较器的集成运算放大电路工作在线性区

C. 迟滞电压比较器一定外加正反馈

D. 迟滞电压比较器的输出电压只有两种可能

10. 图 3-12 所示为比较器电路，其传输特性为图中的（　　）。

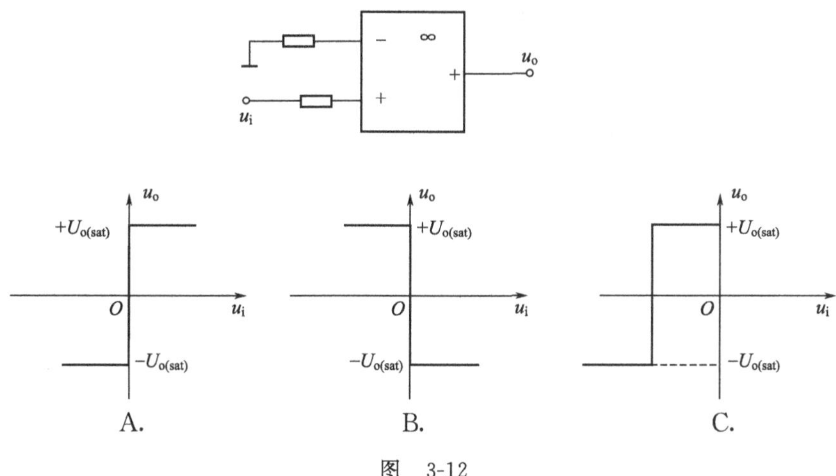

图　3-12

11. 能将矩形波转变成三角波的电路是（　　）。

A. 比例运算电路　　B. 微分运算电路　　C. 积分运算电路　　D. 加法电路

三、计算

1. 电路如图 3-13 所示，试分别求出各电路的输出电压 U_o 值。

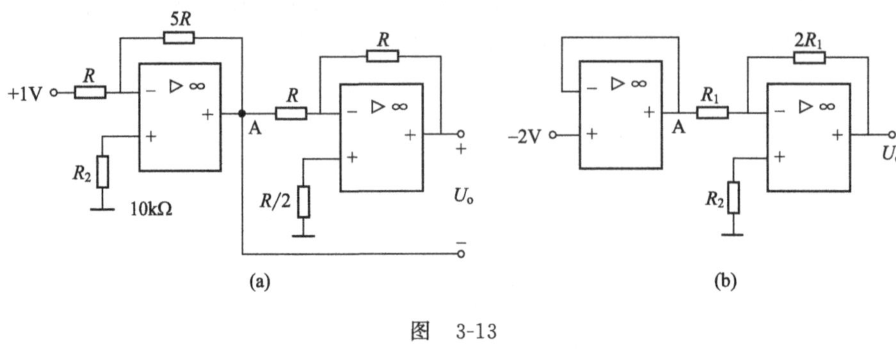

图 3-13

2. 电路如图 3-14 所示，$R_1=R_2=40\text{k}\Omega$，$R_3=R_4=R_5=20\text{k}\Omega$，$R_F=80\text{k}\Omega$，求输出电压 u_o 和输入电压之间运算关系的表达式。

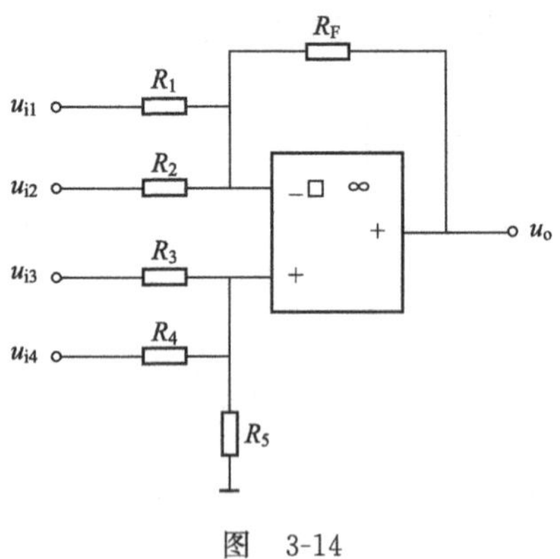

图 3-14

3. 如图 3-15 所示的二级同相比例运放电路中，$R_F=6\text{k}\Omega$，$R_1=3\text{k}\Omega$。

（1）第一级、第二级各属于什么运放电路？

（2）如果 $U_i=3\text{V}$，则 $U_{o1}=?$ $U_{o2}=?$

（3）R_2 应为多大？

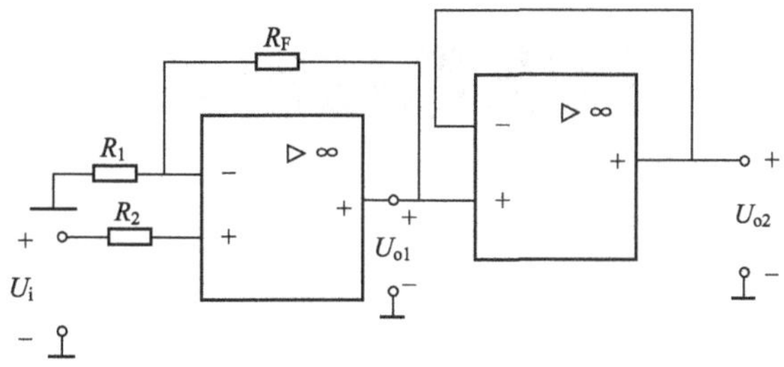

图　3-15

4. 两级放大电路如图 3-16 所示，问：

（1）第一级和第二级分别是什么反馈类型？

（2）总的电压放大倍数 $\dot{A}_u=\dot{U}_o/\dot{U}_i$ 有多大？

（3）当负载 R_L 变化时，该电路能否稳定 $\dot{U}_o$？能否稳定 $\dot{I}_o$？

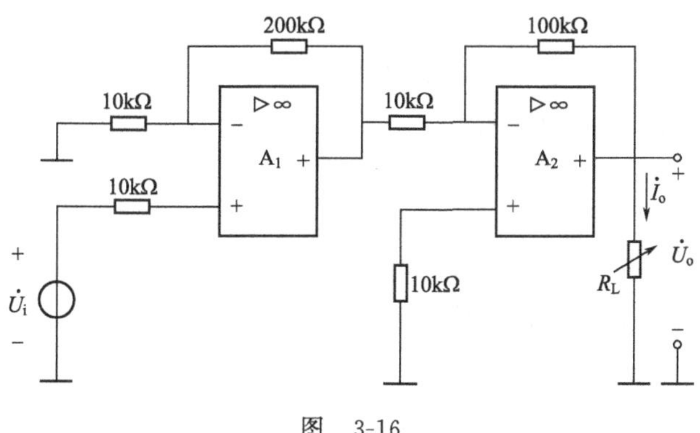

图　3-16

第4章

直流稳压电源

4.1 稳压电路

一、填空

1. 常见的小功率直流稳压源系统是由__________、__________、__________和__________四部分组成。

2. 稳压电路按调整元件与负载的连接方式不同，分为____________________稳压电路和____________________稳压电路。

3. 对于并联稳压电路，稳压部分由__________和__________两个元件组成。

4. 串联反馈式稳压电路由__________、__________、__________和__________四部分组成。

5. 并联型稳压电路硅稳压二极管与负载__________通过硅稳压管电流的变化，由限流电阻上的__________来补偿__________的变化，达到稳压的目的。限流电阻具有__________和__________的双重作用，稳压管工作在__________状态。

6. 有两只CW15稳压二极管，其稳定电压都为7.5V，正向压降均为0.7V，若把它们反向串联后作为稳压管使用，其稳定电压为__________V。

7. 当电网电压上升10%，稳压电路的输出电压从10V上升到10.02V时，电路的相对稳压系数S等于__________。

8. 用示波器分别测得某直流电源的输入纹波电压峰—峰值为100mV，输出纹波电压峰—峰值为5mV，则此电源的纹波抑制比S_R为__________dB。

二、选择

1. 串联型稳压电路是利用（　　）负反馈，使输出电压稳定。

A. 电压并联　　B. 电压串联　　C. 电流并联　　D. 电流串联

2. 串联型稳压电路中的放大环节所放大的对象是（　　）。

A. 基准电压　　B. 采样电压　　C. 基准电压与采样电压

3. 在硅稳压二极管并联型稳压电路中，硅稳压二极管必须与限流电阻串接。此限流电阻的作用是（　　）。

A. 提供偏流　　　　B. 仅是限制电流　　　　C. 兼有限制电流和调压两个作用

4. 电路如图 4-1 所示，稳压管 $U_{Z1}=5.5V$，$U_{Z2}=8.5V$，它们的正向压降均为 0.7V，稳定电流都相等，则输出电压 U_O 为（　　）。

A. 14V　　　　B. 6.2V　　　　C. 3V

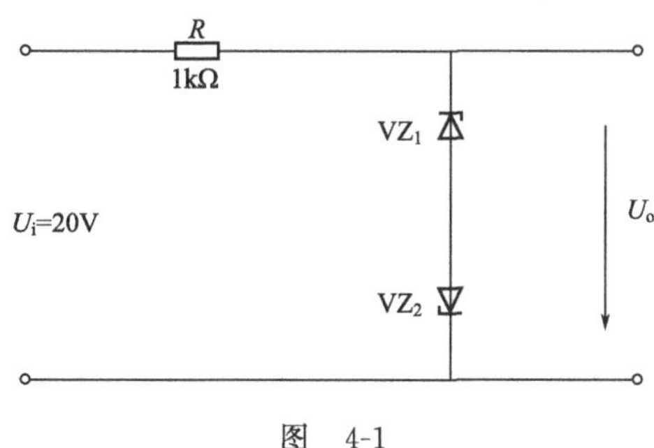

图　4-1

三、判断

1. 直流电源是一种将正弦信号转换为直流信号的波形变换电路。（　　）

2. 直流电源是一种能量转换电路，它将交流能量转换为直流能量。（　　）

3. 当输入电压 U_I 和负载电流 i_L 变化时，稳压电路的输出电压是绝对不变的。（　　）

4. 对于理想的稳压电路，$\Delta U_O/\Delta U_I=0$，$R_O=0$。（　　）

5. 线性直流电源中的调整管工作在放大状态，开关型直流电源中的调整管工作在开关状态。（　　）

6. 在稳压管并联型稳压管电路中，限流电阻 R 的阻值越大，电路的稳压性能越好。（　　）

7. 在稳压电路中，稳压管的动态电阻越小，稳压性能越好。（　　）

8. 若稳压管工作在反向击穿状态，只要其反向电流不超过最大稳定电流容许的数值，稳压管就不会过热而损坏。（　　）

9. 因为串联型稳压电路中引入了深度负反馈，所以可能产生自激振荡。（　　）

四、分析计算

1. 已知稳压管的稳压值 $U_Z=6V$，稳定电流的最小值 $I_{Zmin}=5mA$。求图 4-2 所示电路中 U_{O1} 和 U_{O2} 各为多少伏？

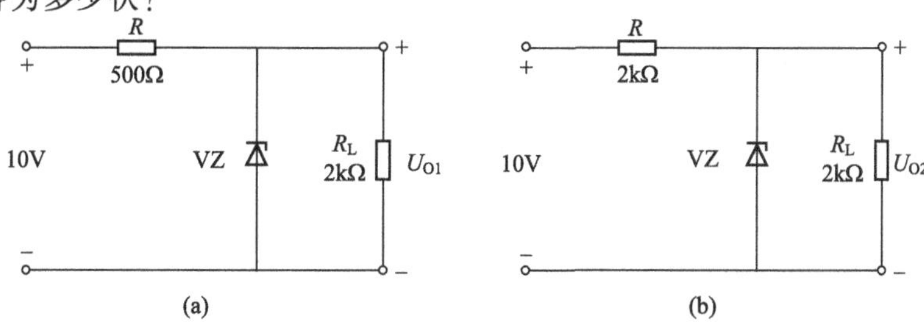

图　4-2

2.并联型稳压电路如图 4-3 所示，U_I=12V，U_Z=7.5V，I_Z=10mA，R_L=1kΩ，求负载电流 I_R 和限流电阻 R 的值。

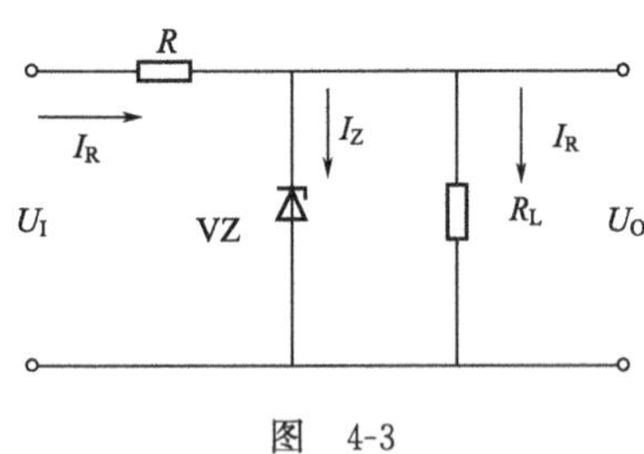

图 4-3

3.如图 4-4 所示，两个稳压二极管的稳压值分别为 7V 和 9V，将它们组成如图中所示的四种电路。设输入端电压 U_1 值是 20V，求各电路输出电压 U_2 的值是多少？

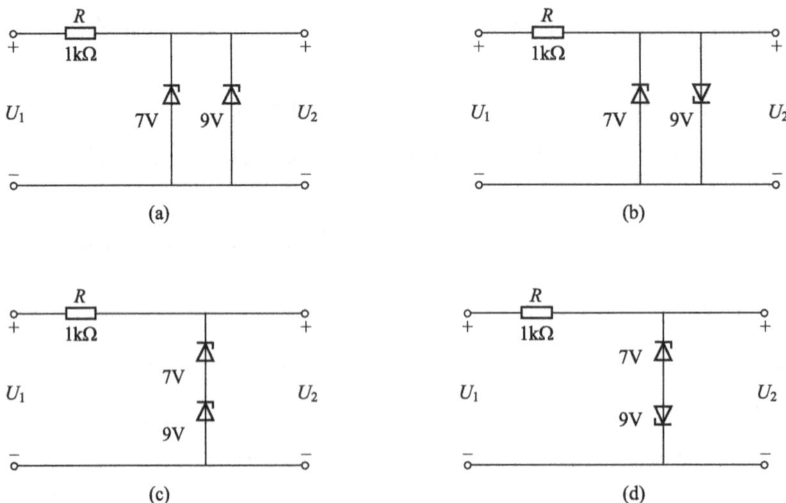

图 4-4

4. 电路如图 4-5 所示。请合理连线，构成 5V 的直流电源。

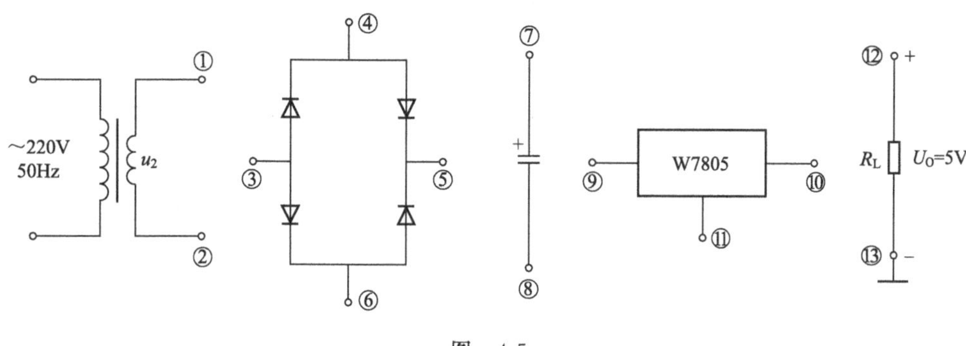

图　4-5

5. 电路如图 4-6 所示。已知稳压管的稳定电压 $U_S=6V$，最大稳定电流 $I_{Smax}=40mA$，最小稳定电流 $I_{Smin}=5mA$，电阻 $R=100\Omega$，请选择正确的答案填空（将正确答案代号填入空格）。

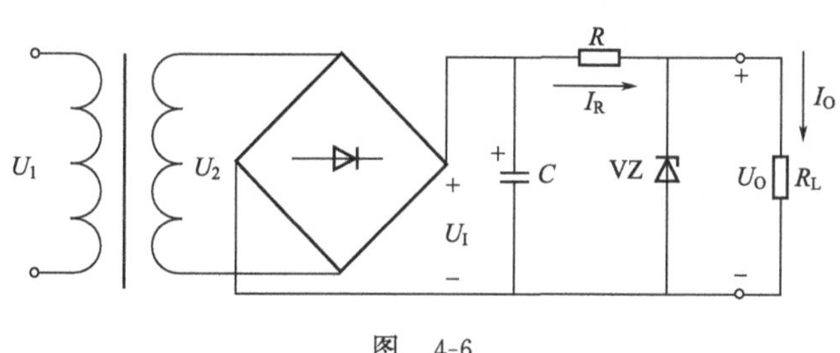

图　4-6

（1）设 U_2（有效值）=10V，则 U_1=__________。（A. 4.5V；B. 9V；C. 12V；D. 14V）

（2）当电网电压波动而使 U_2 增大时（负载 R_L 不变），I_R 将__________，I_S 将__________，I_O 将__________，U_O 将__________。（A. 增大；B. 减小；C. 基本不变）

（3）当负载电流 I_O 增大时（电网电压不变），I_R 将__________，I_S 将__________，U_O 将__________。（A. 增大；B. 减小；C. 基本不变）

（4）在稳压条件下，负载电流 I_O 的数值最大不应超过__________。

（A. 60mA；B. 55mA；C. 45mA；D. 40mA）

（5）在稳压和安全条件下，负载电流 I_O 的数值最大不应超过__________。

（A. 0mA；B. 5mA；C. 20mA；D. 40mA）

（6）若电阻 R 短路，则__________。（A. U_O 不变；B. 电容 C 被击穿；C. 稳压管被烧坏）

6. 看图答题。

（1）在图 4-7 所示电路中，调整元件是__________，比较放大管是__________。提供基准电压的元器件是__________和__________。采样电路的作用是__________，它由__________三个元件构成。C 元件的作用是____________________。

（2）在图 4-7 中，R_2 的滑动触点向上移，输出电压 U_O（　　）。

A. 降低　　B. 提高　　C. 无影响　　D. 变化，因元件参数而不同

（3）在图中，U_O 升高，引起 U_b（　　）。

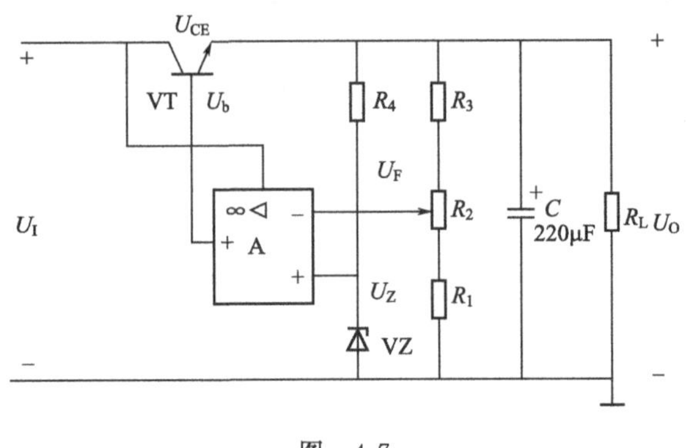

图 4-7

A. 降低　　B. 升高　　C. 无影响　　D. 不确定

4.2 集成稳压电路

一、选择

要获得 9V 稳定电压，集成稳压器的型号应选用（　　）。

A. W7812　　B. W7909　　C. W7912　　D. W7809

二、分析计算

1. 在下列几种情况下，考虑选用三端集成稳压器，试写出选用的型号。

(1) $U_O=12V$，R_L 最小值为 150Ω。

(2) $U_O=5V$，最大负载电流为 1.2A。

(3) $U_O=-5V$，输出电流范围是 200～300mA。

2. 一个输出固定电压的电路如图 4-8 所示，试回答下列问题：

(1) 输出电压 $U_O=$?

(2) 标出三端稳压器的引出端编号。

(3) 三端稳压器的输入电压 U_I 应取多大?（提示：除考虑稳压器的 $(U_I-U_O)_{min}=2\sim3V$ 外，还应考虑输入端电容滤波有锯齿波电压峰值 $\Delta U=2\sim3V$）

(4) 变压器二次电压有效值 U_2 应取多大?

(5) $C_1\sim C_3$ 的作用是什么?

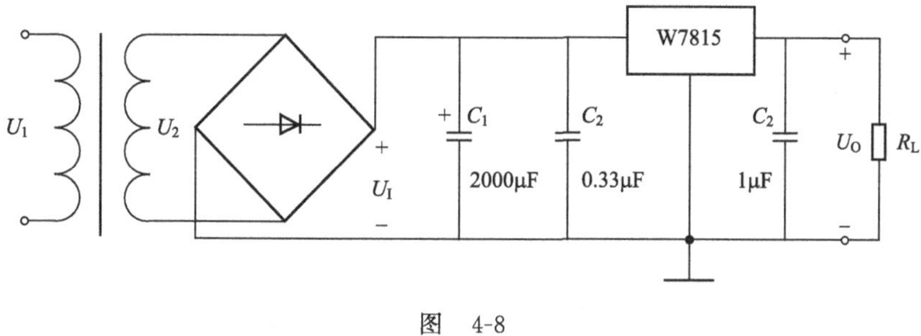

图　4-8

3. 稳压电路如图 4-9 所示，W7805 的 $I_W=10\text{mA}$，$U_I=16\text{V}$，晶体管的 $\beta=100$，$|U_{BE}|=0.7\text{V}$。试估算各电路的输出电压 U_O 值，并说明图 4-9(b) 中三极管的作用。

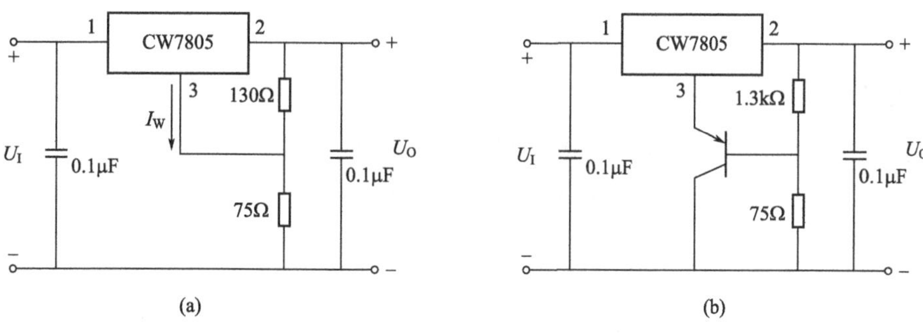

图　4-9

4. 一个由正、负固定式三端集成稳压器组成的直流稳压电源如图 4-10 所示，要求其输出电压为 +15V，输出电流为 200mA。

(1) 确定三端稳压器的型号，并标明各引出端编号。

(2) 标明滤波电容 C_1 的极性。

*(3) 选取电容 $C_1 \sim C_5$ 的数值。

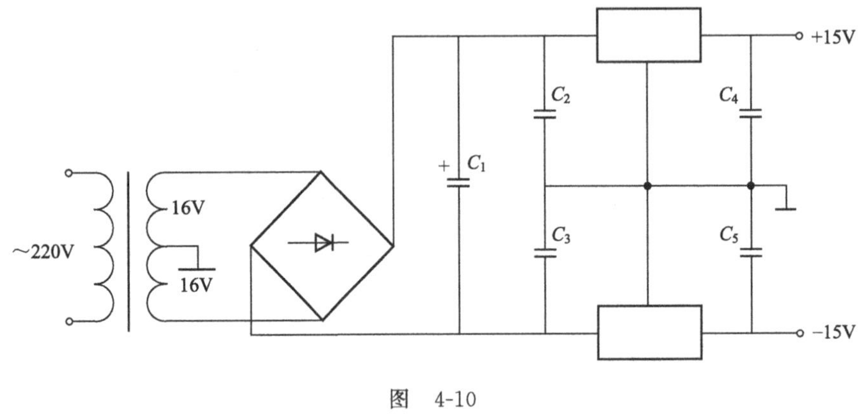

图 4-10

4.3 开关型稳压电路

一、选择

开关型直流电源比线性直流电源效率高的原因是（　　）。

A. 调整管工作在放大状态　　B. 输出端有 LC 滤波电路　　C. 可以不用电源变压器

二、分析计算

由运放组成的简单的开关型稳压电路如图 4-11 所示，试回答下列问题：

(1) 调整管 VT 工作于什么状态?

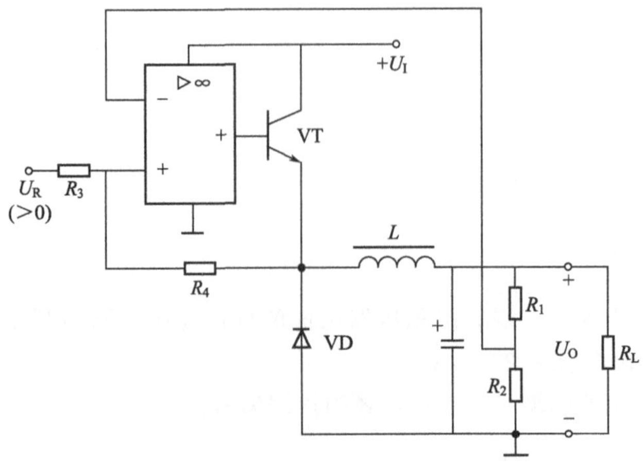

图 4-11

(2) 元件 L、C 和 VD 的作用是什么?

(3) 运放 A 组成什么电路? 起何作用?

(4) 若调整管的导通时间为 t_{on}，截止时间为 t_{off}，动作周期为 T，试写出输出电压 U_{O} 与输入电压 U_{I} 之间的关系式（忽略 VT 的饱和压降和二极管 VD 的正向压降）。

第5章

组合逻辑电路

5.1 数字逻辑基础

一、填空

1.巴比伦文明发展了首个位置化数字系统，这个数字系统的数制是____________进制。

2.时间上、数值上连续变化的、具有连续性、模拟性的信号是____________。

3.时间和数值都是离散的，具有离散性、量化性的信号是____________。

4.十进制整数转换成二进制时采用____________法；十进制小数转换成二进制时采用____________法。

5.$(78.25)_{10}=(\_\_\_\_\_\_\_\_\_\_\_\_)_2=(\_\_\_\_\_\_\_\_\_\_\_\_)_8=(\_\_\_\_\_\_\_\_\_\_\_\_)_{16}$。

6.$(E.A)_{16}=(\_\_\_\_\_\_\_\_\_\_\_\_)_2=(\_\_\_\_\_\_\_\_\_\_\_\_)_8=(\_\_\_\_\_\_\_\_\_\_\_\_)_{10}$。

7.$(111110)_2=(\_\_\_\_\_\_\_\_\_\_\_\_)_8=(\_\_\_\_\_\_\_\_\_\_\_\_)_{10}=(\_\_\_\_\_\_\_\_\_\_\_\_)_{16}$。

8.$(807)_{10}=(\_\_\_\_\_\_\_\_\_\_\_\_)_{BCD}=(\_\_\_\_\_\_\_\_\_\_\_\_)_{\text{余3码}}$。

9.由二值变量构成的因果关系称为____________关系。能够反映和处理____________关系的数学工具称为逻辑代数。

10.在正逻辑的约定下，“1”表示____________电平，“0”表示____________电平。

11.逻辑代数中有三种最基本运算：____________、____________和____________。

12.任何复杂的逻辑运算都可以由基本逻辑运算组合而成，分别为____________、____________、____________、____________。

13.当决定一件事情的所有条件全部具备时，这件事情才发生，这样的逻辑关系称为____________。

14.在变量 A、B 取值相异时，其逻辑函数值为1，相同时为0，称为____________运算。

15.逻辑代数中与普通代数相似的定律有____________、____________、____________。摩根定律又称____________。

16.逻辑代数的三个重要规则是____________、____________和____________。

17.逻辑函数$=\overline{A}\ \overline{B}+BC+A\overline{C}$ 的反函数是________________________。

18.摩根定理表示为：$\overline{A\cdot B}=$____________；$\overline{A+B}=$____________。

19.函数表达式 $Y=AB+\overline{C+D}$，其对偶式 $Y'=$____________。

20. 根据反演规则，若 $Y=\overline{\overline{A\overline{B}+C}+D}+C$，则 $\overline{Y}=$______________。

21. 逻辑函数常用的表示方法有__________、__________和__________。

22. 任何一个逻辑函数的__________是唯一的，但是它的__________可以有不同的形式。逻辑函数的各种表示方法在本质上是__________的，可以互换。

23. 写出逻辑图 5-1 表示的逻辑函数 $Y=$__________。

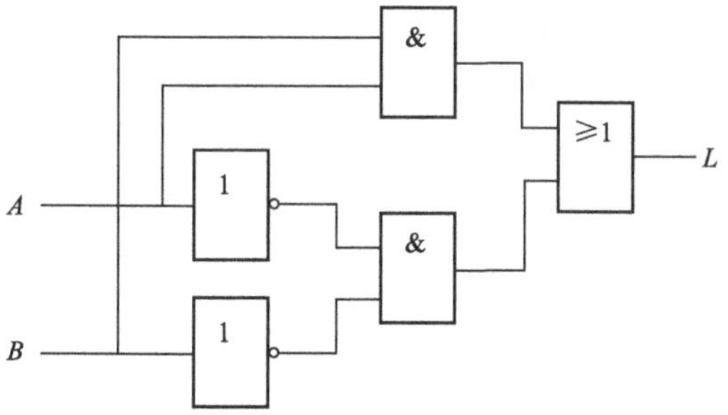

图　5-1

24. 写出逻辑图 5-2 表示的逻辑函数 $Y=$__________。

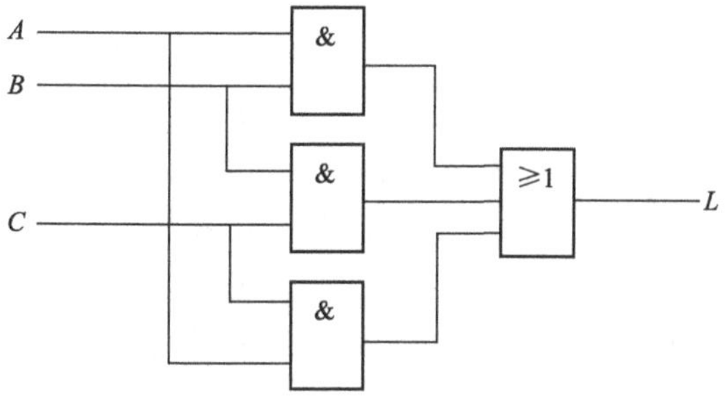

图　5-2

25. 逻辑函数化简的方法主要有__________化简法和__________化简法。

26. 公式化简法常用的化简方法有______________、______________、__________、__________。

27. 将 $Y=A\overline{B}+B+\overline{A}B$ 化为最简与或形式______________。

28. 将 $Y=A\overline{B}+C$ 化为最大项之积的形式______________。

29. 指出下列各式中哪些是四变量 $ABCD$ 的最小项和最大项。在最小项后的________里填入 m_i，在最大项后的________里填入 M_i，其他填“×”（i 为最小项或最大项的序号）。

（1）$A+B+D$ __________；（2）$\overline{A}BCD$ __________；（3）ABC __________；

（4）$AB(C+D)$ __________；（5）$\overline{A}+B+C+\overline{D}$ __________；（6）$A+B+CD$ __________。

30. 将函数式 $F=AB+BC+CD$ 写成最小项之和的形式______________，写成最大项之积的形式______________。

二、选择

1. 下列字符中，ASCII 码最小的是（　　）。

A. K　　B. a　　C. h　　D. H

2. 为了避免混淆，八进制数在书写时常在后面加字母（　　）。

A. H　　B. O　　C. D　　D. B

3. 与十六进制数 BC 等值的二进制数是（　　）。

A. 10111011　　B. 10111100　　C. 11001100　　D. 11001011

4. 十进制数整数 100 化为二进制数是（　　）。

A. 1100100　　B. 1101000　　C. 1100010　　D. 1110100

5. 把以下 4 个不同数制的数按从大到小的次序排列：$(376.125)_{10}$、$(110000)_2$、$(17A)_{16}$ 和 $(67)_8$，顺序正确的是（　　）。

A. $(17A)_{16}>(376.125)_{10}>(67)_{16}>(110000)_2$

B. $(67)_{16}>(376.125)_{10}>(17A)_{16}>(110000)_2$

C. $(67)_{16}>(17A)_{16}>(110000)_2>(376.125)_{10}$

D. $(17A)_{16}>(376.125)_{10}>(110000)_2>(67)_{16}$

6. 在(　　)的情况下，函数 $Y=A+B$ 运算的结果是逻辑“0”。

A. 全部输入是“0”　　B. 任一输入是“0”

C. 任一输入是“1”　　D. 全部输入是“1”

7. 在(　　)的情况下，函数 $Y=\overline{AB}$ 运算的结果是逻辑“1”。

A. 全部输入是“0”　　B. 任一输入是“0”

C. 任一输入是“1”　　D. 全部输入是“1”

8. 在(　　)的情况下，函数 $Y=AB$ 运算的结果是逻辑“1”。

A. 全部输入是“0”　　B. 任一输入是“0”

C. 任一输入是“1”　　D. 全部输入是“1”

9. 在(　　)的情况下，函数 $Y=\overline{A+B}$ 运算的结果是逻辑“0”。

A. 全部输入是“0”　　B. 任一输入是“0”

C. 任一输入是“1”　　D. 全部输入是“1”

10. 下列说法不正确的是(　　)。

A. 逻辑代数有与、或、非三种基本运算

B. 任何一个复合逻辑都可以用与、或、非三种基本运算构成

C. 异或和同或与与、或、非运算无关

D. 同或和异或互为反运算

11. 一个门电路的输入端 A、B 和输出端 F 的波形如图 5-3 所示，则该门电路为(　　)。

A. 与门　　B. 或门　　C. 或非门　　D. 与非门

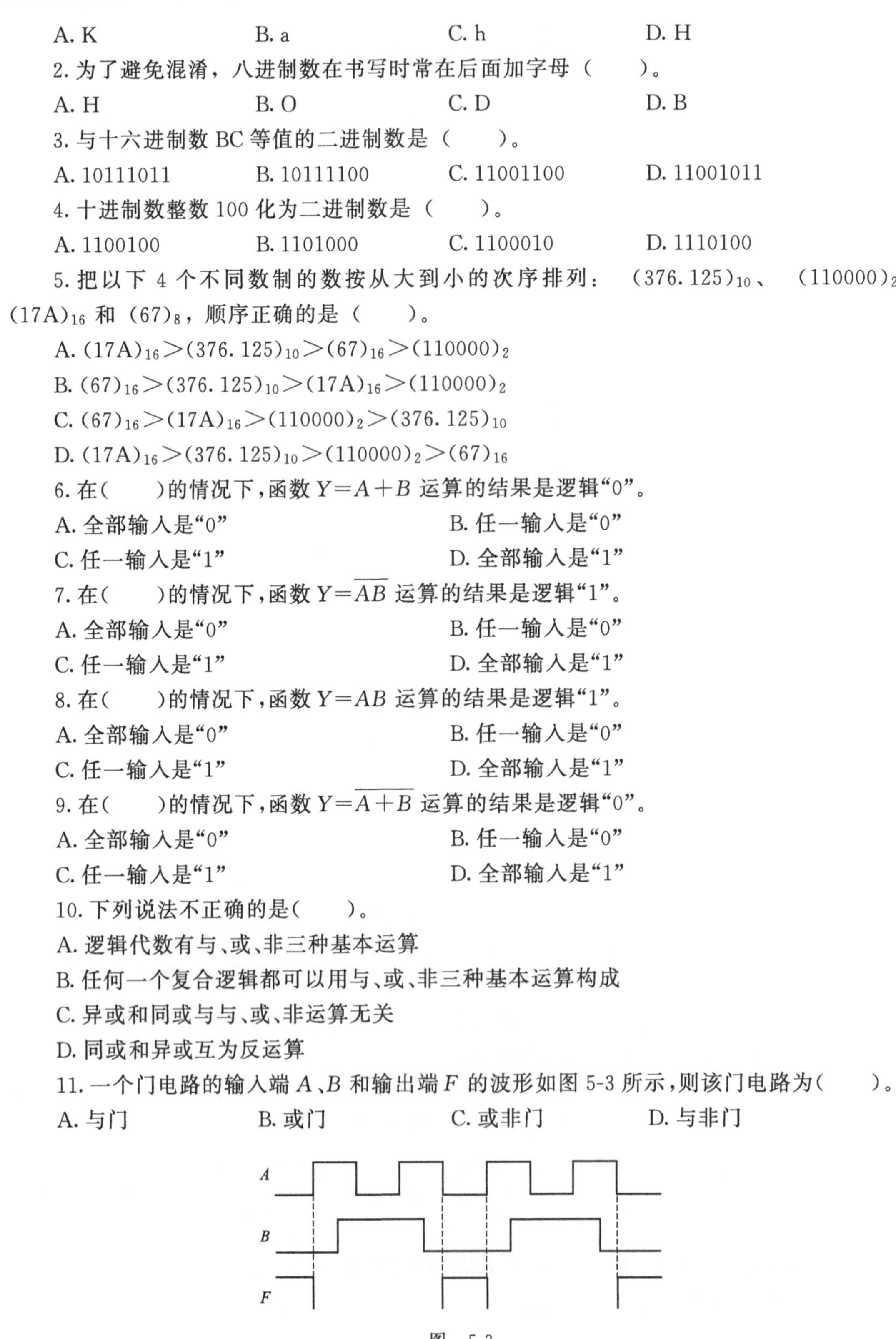

图　5-3

12. 一个门电路的输入端 A、B 和输出端 F 的波形如图 5-4 所示，则该门电路为(　　)

A. 与门　　B. 或门　　C. 或非门　　D. 与非门

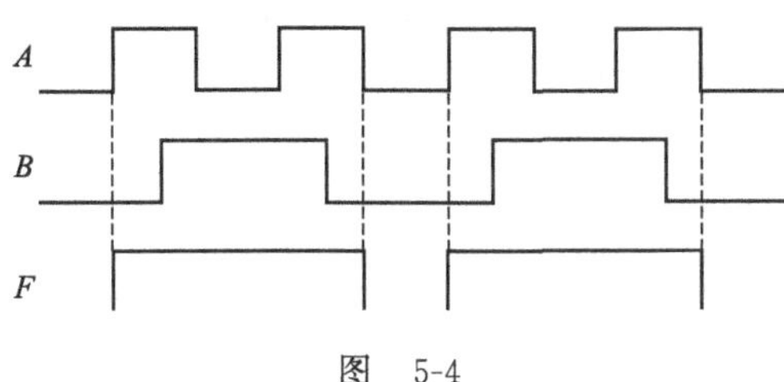

图 5-4

13. 电路如图 5-5 所示，输出函数 F 为（　　）

A. $F=0$　　B. $F=1$　　C. $F=\overline{\overline{AB}+\overline{C}}$　　D. $F=ABC$

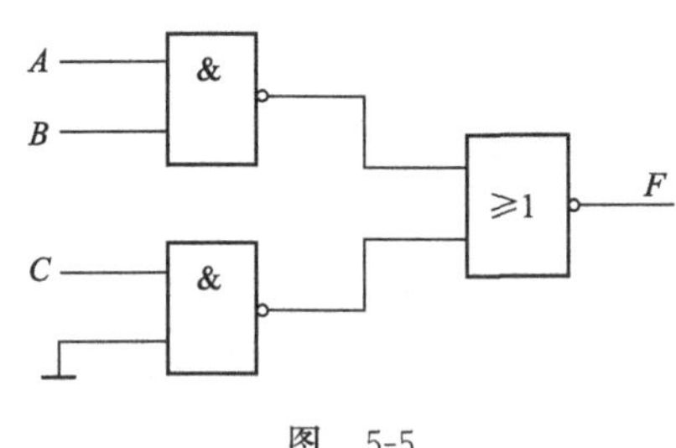

图 5-5

14. 求一个逻辑函数 F 的对偶式，可将 F 中的（　　）。

A. “·”换成“+”，“+”换成“·”

B. 原变量换成反变量，反变量换成原变量

C. 变量不变

D. 常数中“0”换成“1”，“1”换成“0”

E. 常数不变。

15. 逻辑函数 $F=(A+B)(A+C)(A+D)(A+E)=$（　　）。

A. $AB+AC+AD+AE$　　B. $A+BCED$

C. $(A+BC)(A+DE)$　　D. $A+B+C+D$

16. 下列表达式中，正确的是（　　）。

A. $1+0=1$　　B. $1+0=0$

C. $1+A=A$　　D. $1+1=1$

17. $F=A+BD+CDE+D=$（　　）。

A. A　　B. $A+D$　　C. D　　D. $A+BD$

18. 描述逻辑函数各个变量取值组合和函数值对应关系的表格叫做（　　）。

A. 真值表　　B. 逻辑表达式　　C. 逻辑图　　D. 以上都不是

19. 用与、或、非等运算表示函数中各个变量之间逻辑关系的代数式叫做（　　）。

A. 真值表　　B. 逻辑表达式　　C. 逻辑图　　D. 以上都不是

20. 函数 $F=AB+BC$，使 $F=1$ 的输入 ABC 组合为（　　）。

A. $ABC=000$　　B. $ABC=010$　　C. $ABC=101$　　D. $ABC=110$

21. 已知 $F=ABC+CD$，下列组合中，（　　）可以肯定使 $F=0$。

A. $A=0$，$BC=1$　　B. $B=1$，$C=1$

C. $C=1$，$D=0$　　D. $BC=1$，$D=1$

22. 已知某电路的真值表如下所示，该电路的逻辑表达式为（　　）。

A. $Y=C$　　B. $Y=ABC$　　C. $Y=AB+C$　　D. $Y=B\overline{C}+C$

A	B	C	Y	A	B	C	Y
0	0	0	0	1	0	0	0
0	0	1	1	1	0	1	1
0	1	0	0	1	1	0	1
0	1	1	1	1	1	1	1

23. 全部的最小项之和恒为（　　）。

A. 0　　B. 1　　C. 0 或 1　　D. 非 0 非 1

24. 对于四变量逻辑函数，最小项有（　　）个。

A. 0　　B. 1　　C. 4　　D. 16

25. 在化简逻辑函数时，通常将逻辑式化简为最简（　　）。

A. 与—或表达形式　　B. 与非—与非表达形式

C. 与或非表达形式　　D 或—与表达形式

26. 在输入变量为任何一组取值时，任意两个最小项的乘积为（　　）。

A. 1　　B. 0　　C. n　　D. 不确定

三、计算

1. 将下列十进制数转换成二进制、八进制、十六进制数。

(1) 123；(2) 78；(3) 54.613；(4) 37.859

2. 将下列二进制数转换为十进制数。

(1) 10110001；(2) 10101010；(3) 11110001；(4) 10001000

3. 将下列十六进制数转换为十进制数。

(1) FF；(2) 3FF；(3) AB；(4) 13FF

4. 将下列十六进制数转换为二进制数。

(1) 11；(2) 9C；(3) B1；(4) AF

5. 将下列十进制数转换成 BCD 码。

(1) 25；(2) 34；(3) 78；(4) 152

6. 将二进制 1100110 转换成余 3 码和格雷码。

7. 已知三输入与非门中输入 A、B 和输出 F 的波形如图 5-6 所示，请画出输入 C 的波形。

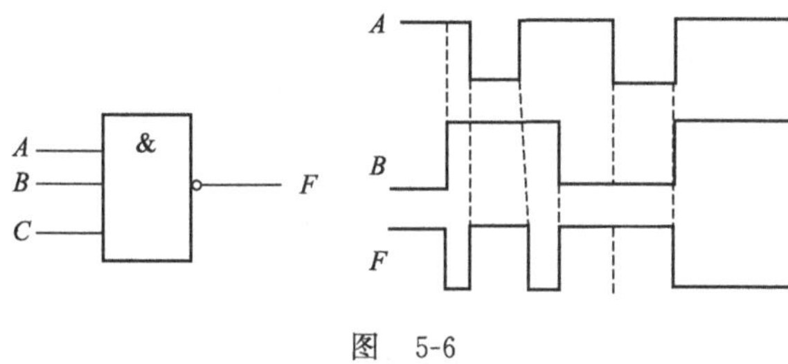

图　5-6

8. 已知两输入与非门的输入波形如图 5-7 中 A 和 B 所示，请画出输出 F 的波形。

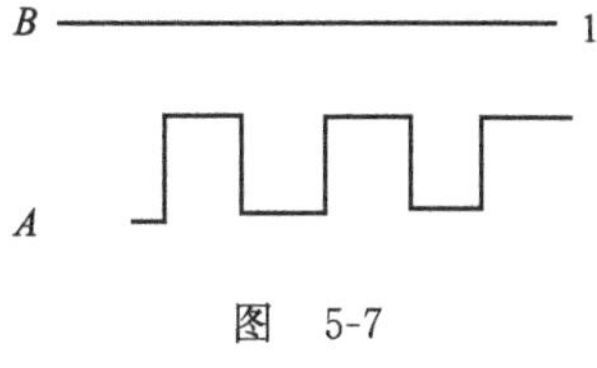

图　5-7

9. 逻辑门的输入端 A、B 和输出波形如图 5-8 所示，请列出真值表，写出逻辑门的表达式。

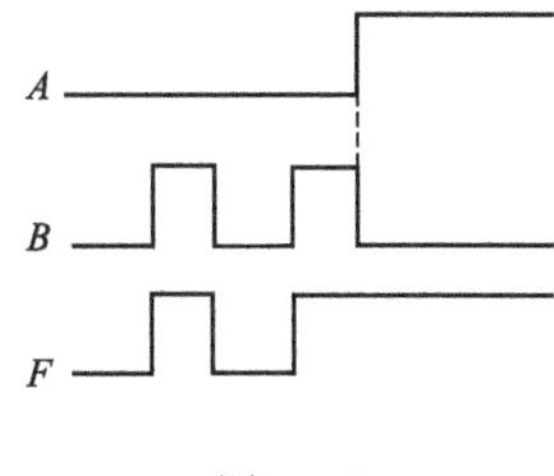

图　5-8

10. 试画出图 5-9(a) 所示电路在输入如图 5-9(b) 所示波形时的输出端 B、C 的波形。

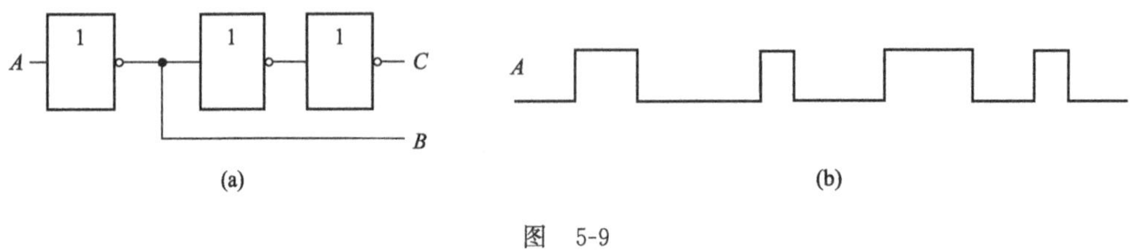

图 5-9

11. 试画出如图 5-10(a) 所示电路在输入如图 5-10(b) 所示波形时的输出端 X、Y 的波形。

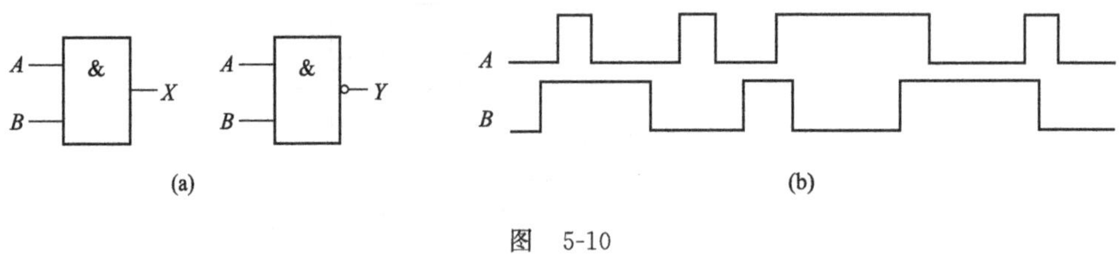

图 5-10

12. 试画出如图 5-11(a) 所示电路在输入如图 5-11(b) 所示波形时的输出端 X、Y 的波形。

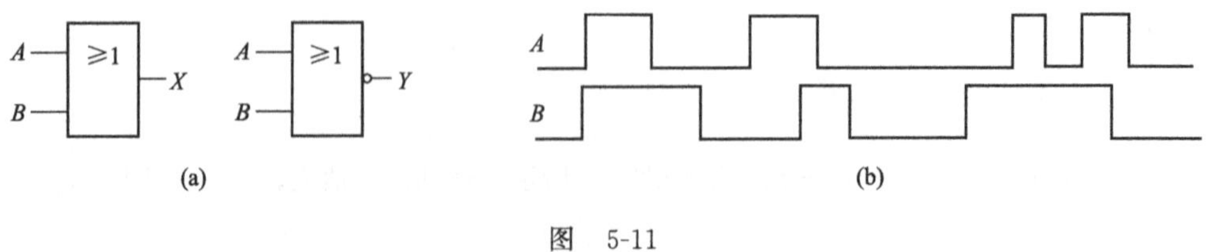

图 5-11

13. 试画出如图 5-12(a) 所示电路在输入如图 5-12(b) 所示波形时的输出端 X、Y 的波形。

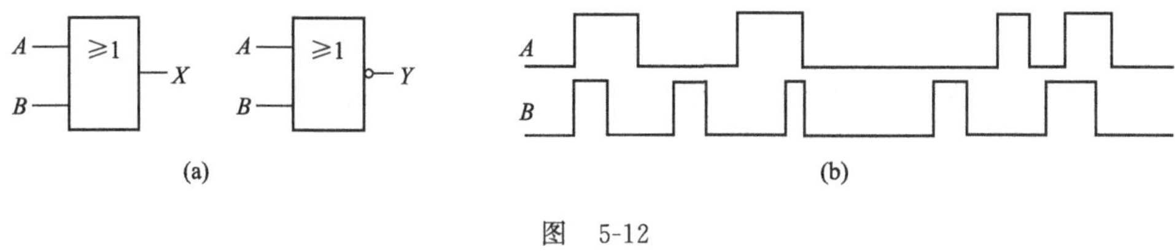

图　5-12

14. 证明“异或求反等于同或”。

15. 用逻辑代数定律证明以下等式：

(1) $A+A\overline{BC}+\overline{A}CD+(\overline{C}+\overline{D})E=A+CD+E$

(2) $A+\overline{A}B=A+B$

(3) $ABC+A\overline{B}C+AB\overline{C}=AB+AC$

(4) $A+A\overline{B}\,\overline{C}+\overline{A}CD+(\overline{C}+\overline{D})E=A+CD+E$

16. 应用逻辑代数运算法则证明下列各式：

(1) $\overline{\overline{A}+B}+\overline{\overline{A}+\overline{B}}=A$

(2) $AB+A\overline{B}+\overline{A}C+\overline{A}\ \overline{C}=1$

17. 根据对偶规则和反演规则，写出下列逻辑函数的对偶函数和反函数。

(1) $F=\overline{A}+\overline{\overline{B}C+\overline{A}(B+C\overline{D})}$

(2) $F=\overline{A}\ \overline{B}+BC+A\overline{C}$

(3) $F=(\overline{A}+\overline{B})\overline{(B+C)(A+\overline{C})}$

(4) $F=\overline{A}B\overline{(\overline{C}+\overline{B}C)}+A(B+\overline{C})$

18. 试用列真值表的方法证明下列异或运算公式。

(1) $A\oplus 0=A$

(2) $A\oplus 1=\overline{A}$

(3) $A\oplus A=0$

(4) $A\oplus \overline{A}=1$

19. 用真值表证明等式。

(1) $A\overline{B}+\overline{A}B=(\overline{A}+\overline{B})(A+B)$

(2) $\overline{A\oplus B}=\overline{A}\ \overline{B}+AB$；$(A\oplus B)=AB+AB$

20. 写出如图 5-13 所示开关电路中 F 和 A、B、C 之间逻辑关系的真值表、函数式和逻辑电路图。若已知 A、B、C 变化波形如图 5-13(b) 所示，画出 F_1 和 F_2 的波形。

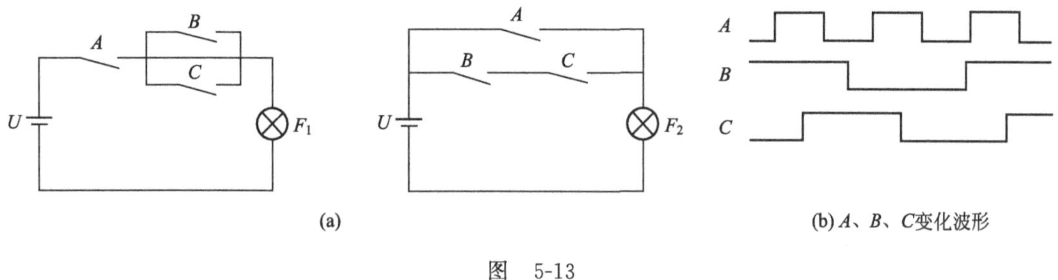

(a)

(b) A、B、C变化波形

图　5-13

21. 已知逻辑函数的真值表如表（1）和表（2）所示，试写出对应的逻辑函数式。

M	N	P	O	Z
0	0	0	0	0
0	0	0	1	0
0	0	1	0	0
0	0	1	1	1
0	1	0	0	0
0	1	0	1	0
0	1	1	0	1
0	1	1	1	1
1	0	0	0	0
1	0	0	1	0
1	0	1	0	0
1	0	1	1	1
1	1	0	0	1
1	1	0	1	1
1	1	1	0	1
1	1	1	1	1

表（1）

A	B	C	Y
0	0	0	0
0	0	1	1
0	1	0	1
0	1	1	0
1	0	0	1
1	0	1	0
1	1	0	0
1	1	1	0

表（2）

22. 利用逻辑代数的基本公式和常用公式，将下列逻辑函数化为最简与或形式。

(1) $Y=A\overline{B}C+\overline{A}+B+\overline{C}$

(2) $Y=A\overline{B}\ (\overline{A}CD+\overline{AD+\overline{B}\,\overline{C}})\ (\overline{A}+B)$

(3) $Y=AC\ (\overline{C}D+\overline{A}B)\ +BC\ (\overline{\overline{\overline{B}+AD}+CE})$

(4) $Y=B\overline{C}+AB\overline{C}E+\overline{B}\ (\overline{\overline{A}\,\overline{D}+AD})\ +B\ (A\overline{D}+\overline{A}D)$

(5) $Y=AC+A\overline{C}D+A\overline{B}\,\overline{E}F+B\ (D\oplus E)\ +B\overline{C}D\overline{E}+B\overline{C}\,\overline{D}E+AB\overline{E}F$

23. 写出图 5-14 中所示各逻辑图的逻辑函数式，并化简为最简与或式。

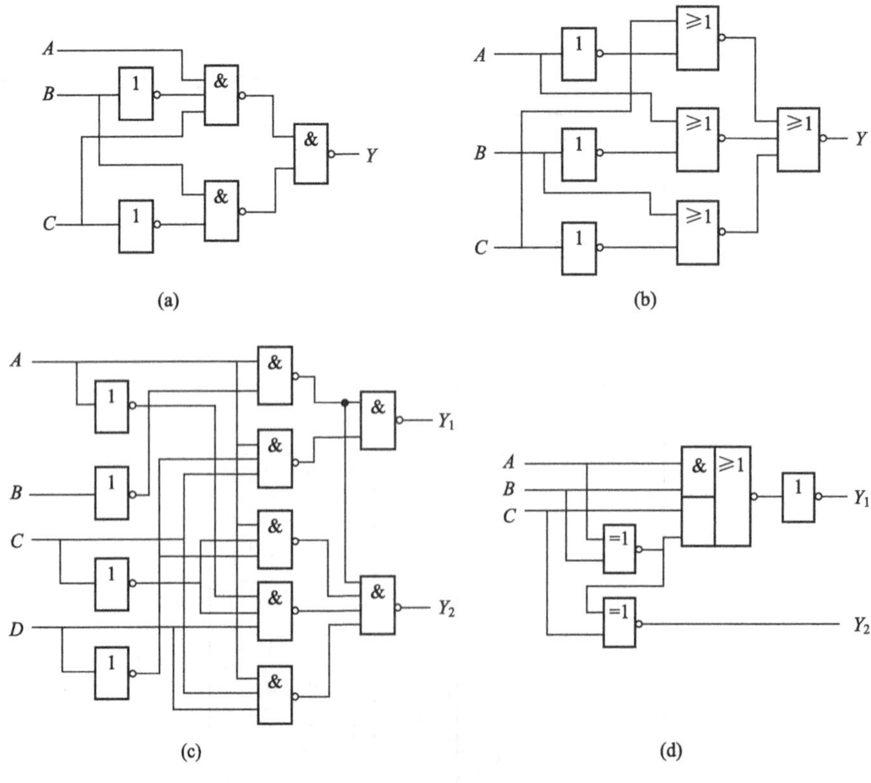

图 5-14

24. 将下列各函数式化为最小项之和的形式。

(1) $\overline{Y}=\overline{A}BC+AC+\overline{B}C$

(2) $Y=A\overline{B}\,\overline{C}D+BCD+\overline{A}D$

(3) $Y=A+B+CD$

(4) $Y=AB+\overline{\overline{BC}\ (\overline{C}+\overline{D})}$

(5) $Y=L\overline{M}+M\overline{N}+N\overline{L}$

25. 将下列各式化为最大项之积的形式。

(1) $Y=AB\overline{C}+\overline{B}C+A\overline{B}C$

(2) $Y=BC\overline{D}+C+\overline{A}D$

(3) $Y=(A, B, C)=\sum(m_1, m_2, m_4, m_6, m_7)$

26. 用卡诺图法化简下列各式。

(1) $A\overline{B}CD+D(\overline{B}\ \overline{C}D)+(A+C)B\overline{D}+\overline{A}\ \overline{(\overline{B}+C)}$

(2) $L(A, B, C, D)=\sum m\ (3, 4, 5, 6, 7, 8, 9, 10, 12, 13, 14, 15)$

(3) $L(A, B, C, D)=\sum m\ (0, 1, 2, 5, 6, 7, 8, 9, 13, 14)$

(4) $L(A, B, C, D)=\sum m(0, 1, 4, 6, 9, 13)+\sum d(2, 3, 5, 7, 11, 15)$

(5) $L(A, B, C, D)=\sum m(0, 13, 14, 15)+\sum d(1, 2, 3, 9, 10, 11)$

27. 对于互相排斥的一组变量 A、B、C、D、E（即任何情况下，A、B、C、D、E 不可能有两个或两个以上同时为 1)，试证明：

$A\overline{B}\,\overline{C}\,\overline{D}\,\overline{E}=A$，$\overline{A}B\overline{C}\,\overline{D}\,\overline{E}=B$，$\overline{A}\,\overline{B}C\overline{D}\,\overline{E}=C$，$\overline{A}\,\overline{B}\,\overline{C}D\overline{E}=D$，$\overline{A}\,\overline{B}\,\overline{C}\,\overline{D}E=E$

28. 将下列函数化为最简与或函数式。

(1) $Y=\overline{A+C+D}+\overline{A}\,\overline{B}C\overline{D}+A\overline{B}\,\overline{C}D$（给定约束条件为 $A\overline{B}C\overline{D}+A\overline{B}CD+AB\overline{C}\,\overline{D}+AB\overline{C}D+ABC\overline{D}+ABCD=0$）

(2) $Y=C\overline{D}(A\oplus B)+\overline{A}B\overline{C}+\overline{A}\,\overline{C}D$（给定约束条件为 $AB+CD=0$）

(3) $Y=(A\overline{B}+B)C\overline{D}+\overline{(A+B)(\overline{B}+C)}$（给定约束条件为 $ABC+ABD+ACD+BCD=0$）

(4) $Y(A, B, C, D)=\sum(m_3, m_5, m_6, m_7, m_{10})$（给定约束条件为 $m_0+m_1+m_2+m_4+m_8=0$）

(5) $Y(A, B, C)=\sum(m_0, m_1, m_2, m_4)$（给定约束条件为 $m_3+m_5+m_6+m_7=0$）

(6) $Y(A, B, C, D)=\sum(m_2, m_3, m_7, m_8, m_{11}, m_{14})$（给定约束条件为 $m_0+m_5+m_{10}+m_{15}=0$）

四、问答

1. 试述数制的概念。

2. 列举出你所知道的数字系统（提示：根据本章内容和自己接触过的情况，也可以上网搜索有关资料）。

3. 谈谈二进制、八进制和十六进制等数字表示方法各有什么特点。

4. ASCII 码是什么编码？

5. 数字信号和模拟信号各有什么特点？

6. 什么是 BCD 码？有哪些常用码？什么是无权码、有权码？

7. 何为进位计数制？

8. 逻辑代数与普通代数有何异同？

9. 简述逻辑函数与逻辑变量的概念。

10. 简述逻辑运算的运算顺序。

11. 简述反演规则的定义。

12. 简述对偶规则的用处。

13. 试总结并说出：

（1）从真值表写逻辑函数式的方法；

（2）从函数式列真值表的方法；

（3）从逻辑图写逻辑函数式的方法；

(4) 从逻辑函数式画逻辑图的方法。

14. 简述逻辑真值表、逻辑表达式、逻辑图的概念。

15. 简述最简与或式的标准。

16. 简述公式化简法的概念。

17. 什么叫逻辑函数式中的约束项？什么叫任意项？

5.2 集成逻辑门

一、填空

1. 在数字电路中，稳态时，三极管一般工作在__________状态。在图 5-15 中，若 $U_I<0$，则晶体管__________，此时 $U_O=$__________；欲使晶体管处于饱和状态，U_I 需满足的条件为__________ $\left(a.\ U_I>0;\ b.\ \dfrac{U_I-0.7}{R_b}\geqslant\dfrac{V_{CC}}{\beta R_c};\ c.\ \dfrac{U_I-0.7}{R_b}<\dfrac{V_{CC}}{\beta R_c}\right)$。在电路中其他参数不变的条件下，仅 R_b 减小时，晶体管的饱和程度__________；仅 R_c 减小时，饱和程度__________。

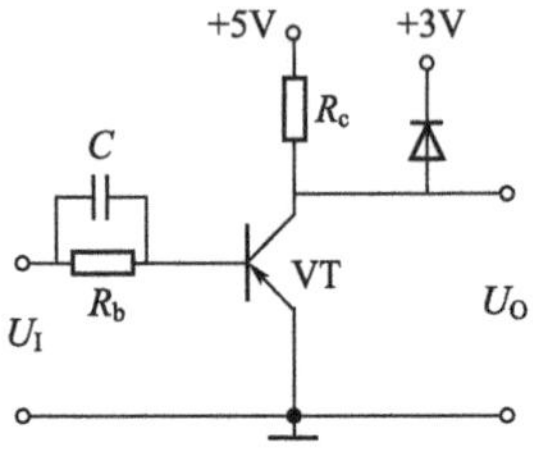

图 5-15

2. 集电极开路门的英文缩写为__________门，工作时必须外加__________和__________。

3. OC 门称为__________门，多个 OC 门输出端并联到一起，可实现__________功能。

4. TTL 与非门电压传输特性曲线分为________区、________区、________区和________区。

5. 国产 TTL 电路________相当于国际 SN54/74LS 系列，其中 LS 表示________。

6. 由 TTL 门组成的电路如图 5-16 所示，已知其输入短路电流 $I_S=1.6\text{mA}$，高电平输入漏电流 $I_R=40\mu\text{A}$。试问：当 $A=B=1$ 时，G_1 的灌电流为________；$A=0$ 时，G_1 的拉电流为________。

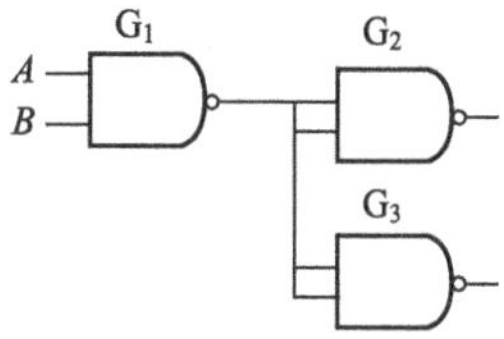

图　5-16

7. 图 5-17 所示为某门电路的特性曲线，试据此确定它的下列参数：输出高电平 $U_{OH}=$________；输出低电平 $U_{OL}=$________；输入短路电流 $I_S=$________；高电平输入漏电流 $I_R=$________；阈值电平 $U_T=$________；开门电平 $U_{ON}=$________；关门电平 $U_{OFF}=$________；低电平噪声容限 $U_{NL}=$________；高电平噪声容限 $U_{NH}=$________；最大灌电流 $I_{OLMax}=$________；扇出系数 $N_0=$________。

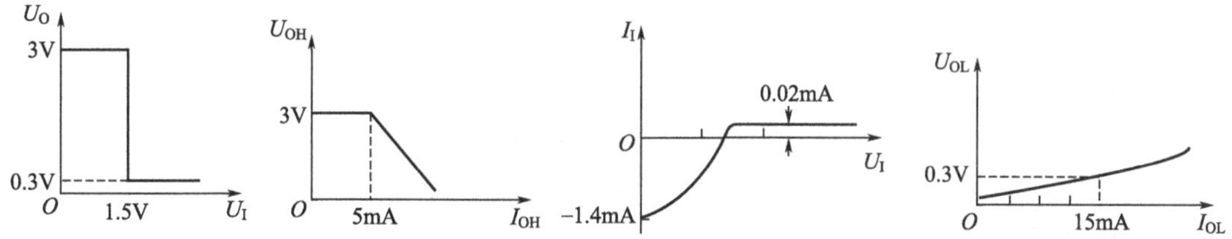

图　5-17

8. TTL 门电路输入端悬空时，应视为________。此时，如用万用表测量输入端的电压，读数约为________。

9. 集电极开路门（OC 门）在使用时，必须在________之间接一个电阻。

10. CMOS 门电路的特点是：静态功耗________；动态功耗随着工作频率的提高而________；输入电阻________；噪声容限于________ TTL 门。

二、选择

1. 如图 5-18 所示，电路输入与输出间实现的功能是（　　）。

A. 与　　B. 或　　C. 与非　　D. 或非

2. 图 5-19 所示是由二极管构成的（　　）。

A. 与门　　B. 或门　　C. 与非门　　D. 或非门

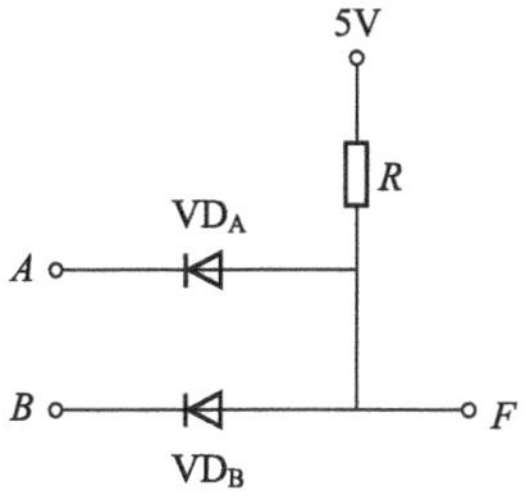

图　5-18

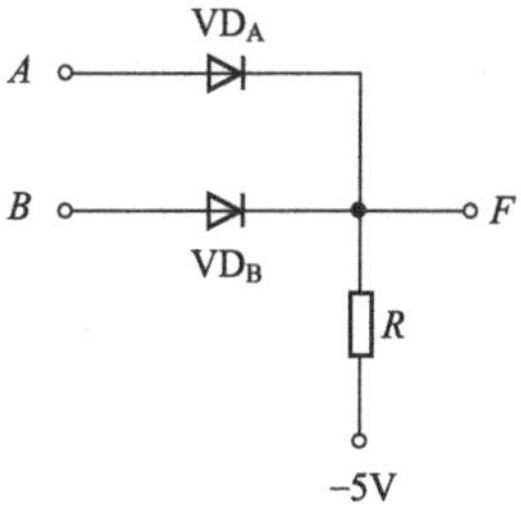

图　5-19

3. 三态门输出高阻状态时，（　　）是正确的说法。

A. 用电压表测量，指针不动　　B. 相当于悬空

C. 电压不高不低　　D. 测量电阻，指针不动

4. 以下电路中可以实现“线与”功能的有（　　）。

A. 与非门　　B. 三态输出门　　C. 集电极开路门　　D. 漏极开路门

5. 以下电路中，常用于总线应用的有（　　）。

A. TSL 门　　B. OC 门　　C. 漏极开路门　　D. CMOS 与非门

6. 逻辑表达式 $Y=AB$，可以用（　　）实现。

A. 正或门　　B. 正非门　　C. 正与门　　D. 负或门

7. TTL 电路用于正逻辑系统时，在以下各种输入中，（　　）相当于输入逻辑“1”。

A. 悬空　　B. 通过电阻 2.7kΩ 接电源

C. 通过电阻 2.7kΩ 接地　　D. 通过电阻 510Ω 接地

8. 对于 TTL 与非门闲置输入端的处理，可以（　　）。

A. 接电源　　B. 通过电阻 3kΩ 接电源

C. 接地　　D. 与有用输入端并联

9. 要使 TTL 与非门工作在转折区，可使输入端对地外接电阻 R_I（　　）。

A. $>R_{ON}$　　B. $<R_{OFF}$　　C. $R_{OFF}<R_I<R_{ON}$　　D. $>R_{OFF}$

10. 三极管作为开关使用时，要提高开关速度，可（　　）。

A. 降低饱和深度　　B. 增加饱和深度

C. 采用有源泄放回路　　D. 采用抗饱和三极管

11. CMOS 数字集成电路与 TTL 数字集成电路相比，优点是（　　）。

A. 微功耗　　B. 高速度　　C. 高抗干扰能力　　D. 电源范围宽

12. 与 CT4000 系列相对应的国际通用标准型号为（　　）。

A. CT74S 肖特基系列　　B. CT74LS 低功耗肖特基系列

C. CT74L 低功耗系列　　D. CT74H 高速系列

三、计算

1. 如图 5-20 所示，已知二极管 VD_A 和 VD_B 的导通压降为 0.7V。

(1) A 接 10V，B 接 0.3V 时，输出 V_O 为多少？

(2) A、B 都接 10V 时，输出 V_O 为多少？

(3) A 接 10V，B 悬空，测量 B 端电位，V_B 为多少？

(4) A 接 0.3V，B 悬空，测量 B 端电位，V_B 为多少？

(5) A 接 10kΩ 电阻，B 悬空，测量 B 端电位，V_B 为多少？

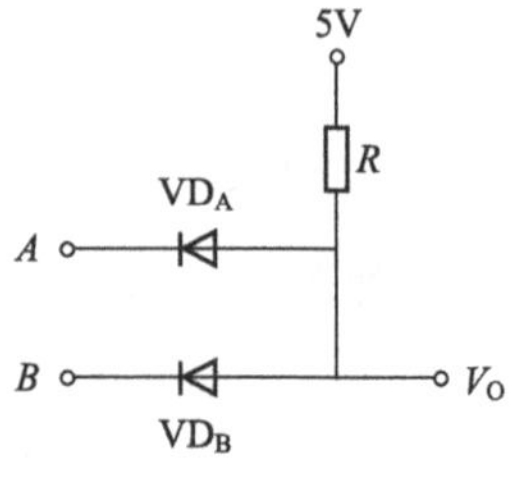

图　5-20

2. 试判断图 5-21 所示各电路中的三极管 VT 处于什么工作状态，并求出各电路的输入 $F_1 \sim F_6$。

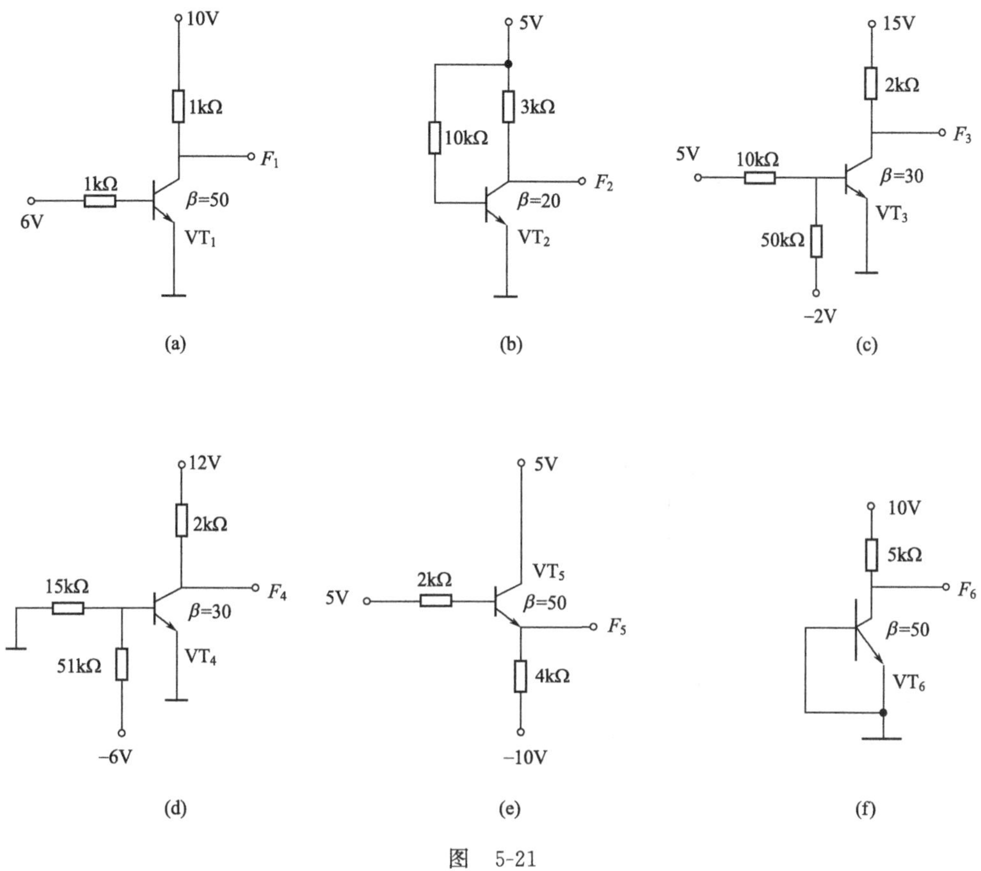

图　5-21

3. 电路如图 5-22 所示，其中与非门、或非门为 CMOS 门电路。试分别写出图中 Y_1、Y_2、Y_3 和 Y_4 的逻辑表达式，并判断图中所示各连接方式能否用于 TTL 电路。

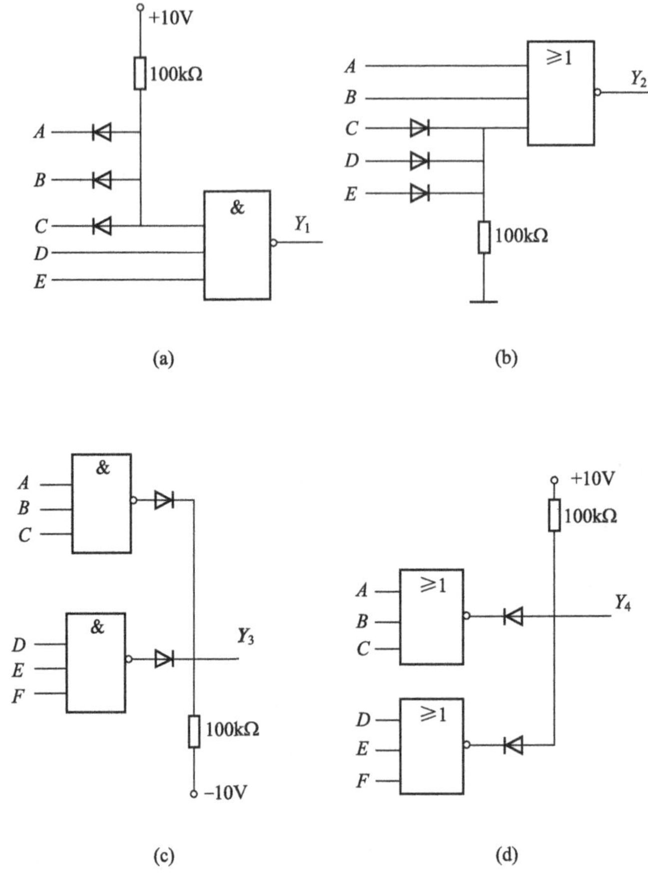

图 5-22

4. 图 5-23 所示 TTL 门电路中，输入端 1、2、3 为多余输入端。试问：哪些接法是正确的？

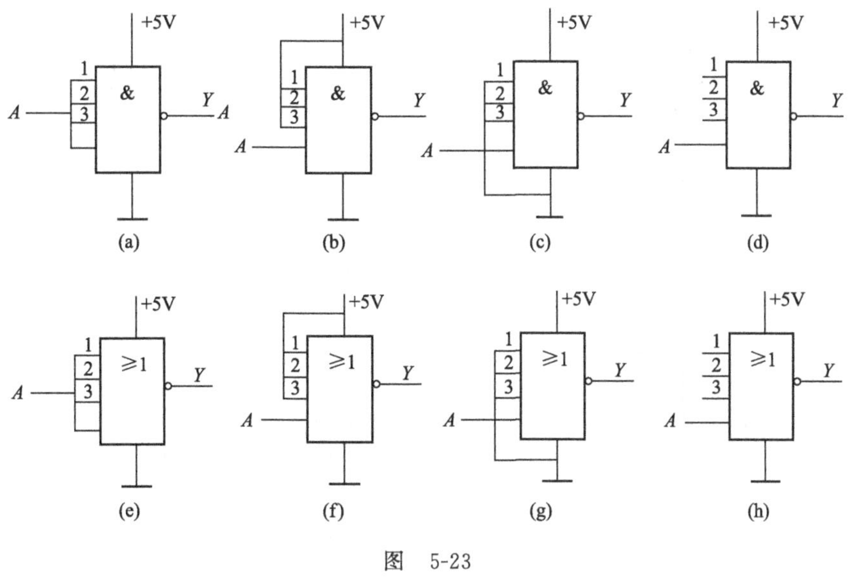

图 5-23

5. 6 个门电路及 A、B 波形如图 5-24 所示，试写出 $F_1 \sim F_6$ 的逻辑函数，并对应 A、B 波形画出 $F_1 \sim F_6$ 的波形。

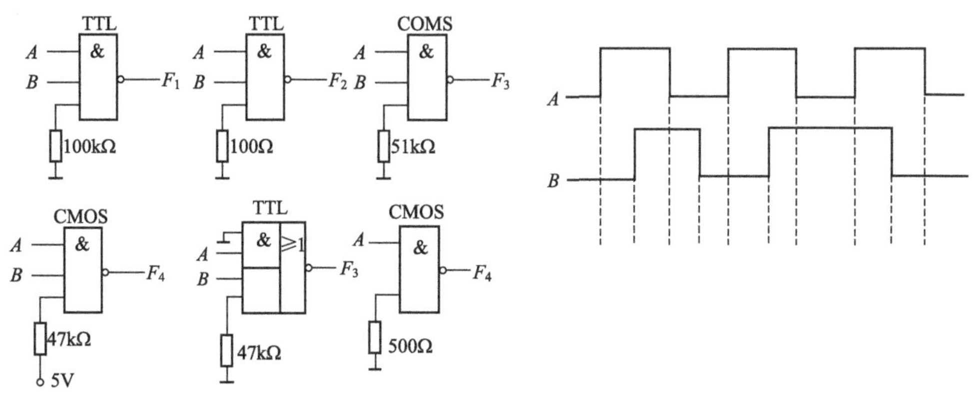

图 5-24

6. 电路及输入波形分别如图 5-25(a) 和 (b) 所示，试对应 A、B、C、x_1、x_2、x_3 的波形，画出 F 端波形。

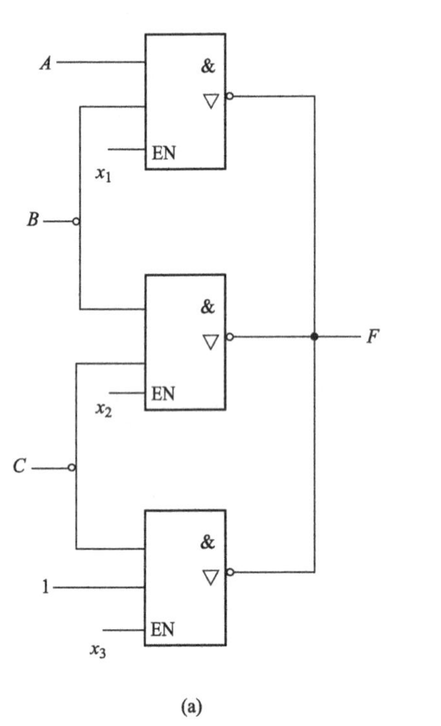

(a)

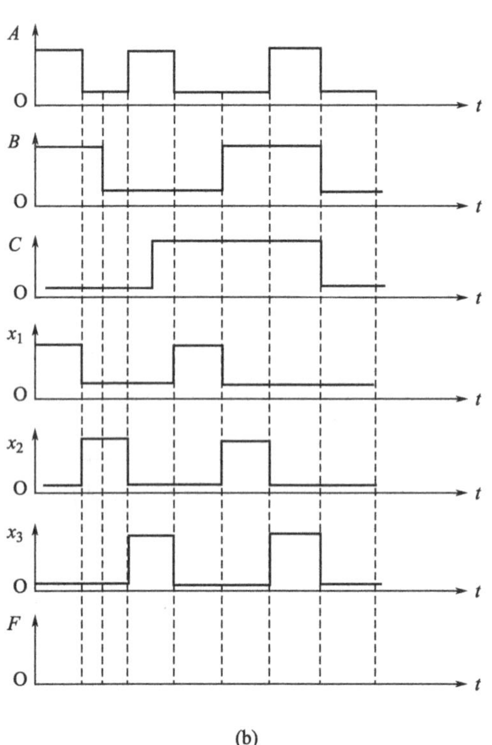

(b)

图 5-25

7. 如图 5-26 所示为一个继电器线圈驱动电路。要求在 $V_I = V_{IH}$ 时，三极管 VT 截止；$v_I = 0$ 时，三极管饱和导通。已知 OC 门输出管截止时的漏电流 $I_{OH} \leqslant 100\mu A$，导通时允许流过的最大电流 $I_{OL(max)} = 10mA$，管压降小于 0.1V，导通内阻小于 20Ω。三极管 $\beta = 50$，饱和导通内阻 $R_{CE(sat)} = 20\Omega$。继电器线圈内阻 240Ω，电源电压 $V_{CC} = 12V$，$V_{EE} = -8V$，$R_2 = 3.2k\Omega$，$R_3 = 18k\Omega$。试求 R_3 的取值范围。

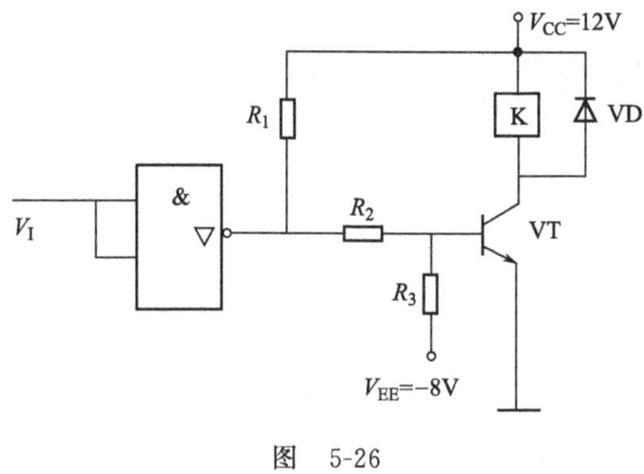

图　5-26

四、问答

1. TTL 与非门输入端悬空，相当于什么电平？输入端阈值电压 V_T 等于多少？输出端 $F=0$ 时，能带动几个同类型 TTL 与非门？负载个数超出扇出系数越多，输出 F 变得越高，还是越低？

2. 为什么 TTL 与非门电路的输入端悬空时，可视为输入高电平？对与非门和或非门而言，不用的输入端有几种处理方法？

3. 简述 CMOS 电路驱动 TTL 电路和 TTL 电路驱动 CMOS 电路的技术要求。

4. 如图 5-27 所示，在测试 TTL 与非门的输出低电平 U_{OL} 时，如果输出端不是接相当于 8 个与非门的负载电阻 R_L，而是接 $R \ll R_L$，会出现什么情况，为什么？

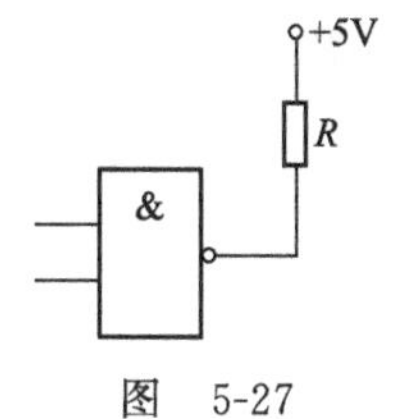

图　5-27

5.3 组合逻辑电路分析与设计

一、填空

1. 组合逻辑电路任何时刻的输出信号，与该时刻的输入信号__________，与以前的输入信号__________。

2. 根据逻辑功能的不同特点，逻辑电路分为两大类：__________和__________。

3. 组合逻辑电路由__________组合而成，电路中不包含任何__________，电路中不存在任何__________回路。

4. 组合电路的特点：输出状态仅仅取决于__________的组合，与__________无关。

5. 组合逻辑电路的分析一般按以下步骤进行。

第一步：根据给定的逻辑电路，__________。

第二步：根据化简后的逻辑表达式__________。

第三步：描述__________。

6. 组合逻辑电路在结构上不存在输出到输入的__________，因此__________状态不影响__________状态。

7. 组合逻辑电路分析是根据给定的逻辑电路图，确定__________。组合逻辑电路设计是根据给定组合电路的文字描述，设计最简单或者最合理的__________。

8. 在组合逻辑电路中，当输入信号改变状态时，输出端可能出现瞬间干扰窄脉冲的现象称为__________。

9. 在组合逻辑电路中，当一个输入信号经过多条路径传递后到达某一逻辑门的输入端时，会有时间先后，这一现象称为__________，由此产生输出干扰脉冲的现象称为__________。

10. 消除或减弱组合电路中的竞争冒险，常用的方法是发现并消掉互补变量，增加__________，并在输出端并联__________。

11. 根据毛刺产生的方向，组合逻辑的冒险分为__________冒险和__________冒险。

12. 传统的判别方法是采用__________和__________法来判断组合电路是否存在冒险。

二、选择

1. 组合逻辑电路的输出取决于（　　）。

A. 输入信号的现态　　B. 输出信号的现态

C. 输出信号的次　　D. 输入信号的现态和输出信号的现态

2. 组合逻辑电路是由（　　）构成。

A. 门电路　　B. 触发器　　C. 门电路和触发器　　D. 计数器

3. 组合逻辑电路（　　）。

A. 具有记忆功能　　B. 没有记忆功能

C. 有时有记忆功能，有时没有　　D. 以上都不对

4. 在组合逻辑电路中，描述正确的是（　　）。

A. 没有记忆元件　　B. 包含记忆元件　　C. 存在有反馈回路　　D. 双向传输

5. 组合逻辑电路中的冒险是由于（　　）引起的。

A. 电路未达到最简　　B. 电路有多个输出

C. 电路中的时延　　D. 逻辑门类型不同

6. 用取样法消除两级与非门电路中可能出现的冒险。以下说法中，哪一种是正确并优先考虑的？（　　）

A. 在输出级加正取样脉冲　　B. 在输入级加正取样脉冲

C. 在输出级加负取样脉冲　　D. 在输入级加负取样脉冲

7. 当二输入与非门输入为（　　）变化时，输出可能有竞争冒险。

A. 01→10　　B. 00→10　　C. 10→11　　D. 11→01

8. 分析组合逻辑电路时，不需要（　　）。

A. 写出输出函数表达式　　B. 判断逻辑功能

C. 列真值表　　D. 画逻辑电路图

三、计算

1. 试分析图 5-28 所示组合逻辑电路的逻辑功能，写出逻辑函数式，列出真值表，说明电路完成的逻辑功能。

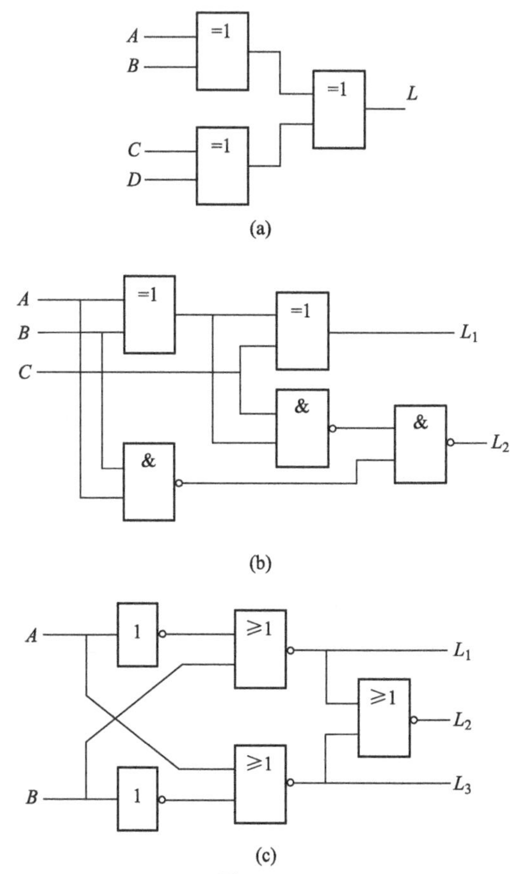

图　5-28

2.分析图 5-29 所示组合逻辑电路的功能，要求写出与—或逻辑表达式，列出其真值表，并说明电路的逻辑功能。

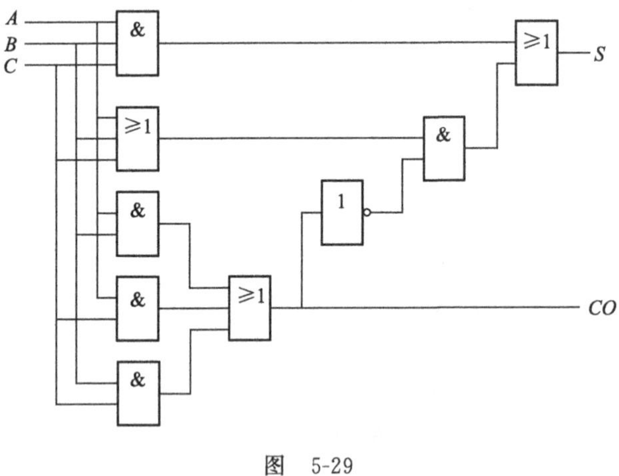

图 5-29

3.已知逻辑电路如图 5-30 所示，试分析其逻辑功能。

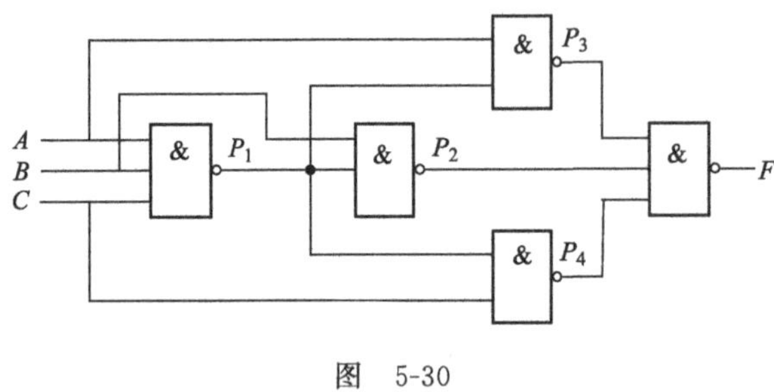

图 5-30

4.已知图 5-31 所示电路及输入 A、B 的波形，试画出相应的输出波形 F。不计门的延迟。

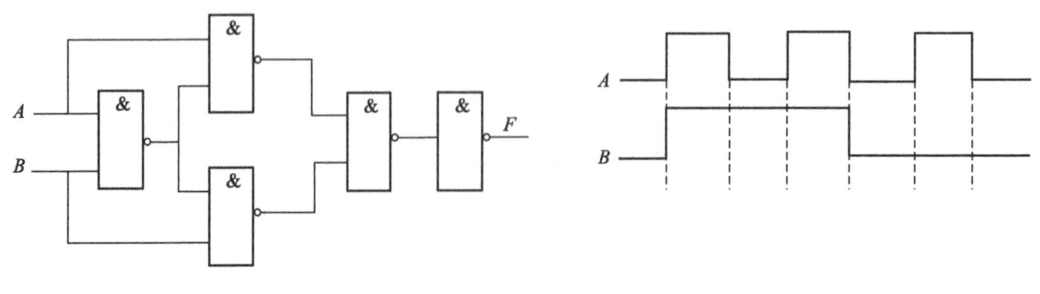

图 5-31

5. 分析如图 5-32 所示组合逻辑电路的功能。

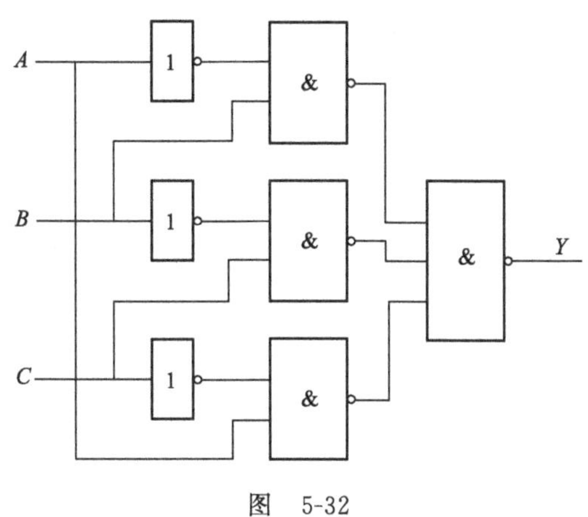

图　5-32

6. 由与非门构成的某表决电路如图 5-33 所示。其中 A、B、C、D 表示 4 个人，$L=1$ 时表示决议通过。

(1) 试分析电路，说明决议通过的情况有几种。

(2) 分析 A、B、C、D 四个人中谁的权利最大。

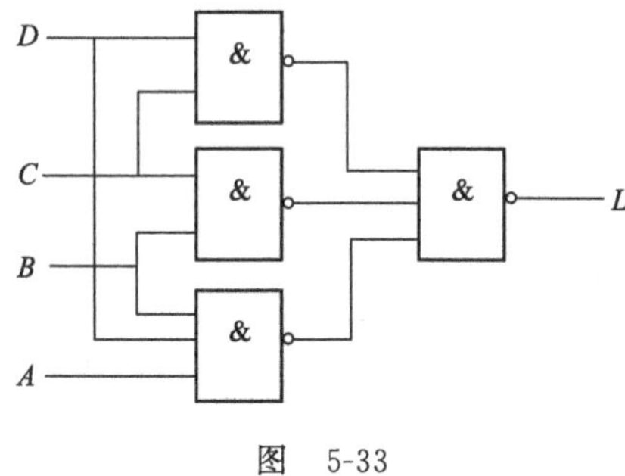

图　5-33

7. 已知某组合电路的输入 A、B、C 和输出 F 的波形如图 5-34 所示，试写出 F 的最简与或表达式。

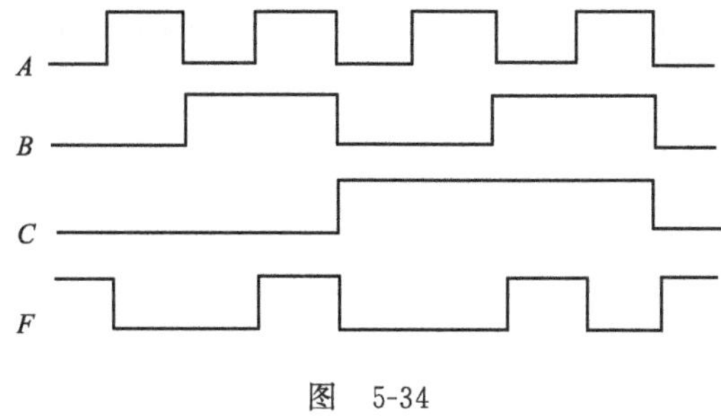

图　5-34

8. 试用与非门设计一个组合逻辑电路，其输入为3位二进制数。当输入中有奇数个1时，输出为1，否则输出为0。

9. 已知4位无符号二进制数 A （$A_3A_2A_1A_0$），请设计一个组合逻辑电路实现：当 $0 \leqslant A < 8$ 或 $12 \leqslant A < 15$ 时，F 输出1，否则 F 输出0。

10. 约翰和简妮夫妇有两个孩子乔和苏，全家外出吃饭时，一般要么去汉堡店，要么去炸鸡店。每次出去吃饭前，全家要表决，以决定去哪家餐厅。表决的规则是：如果约翰和简妮都同意，或多数同意吃炸鸡，他们去炸鸡店，否则就去汉堡店。试设计一个组合逻辑电路实现上述表决电路。

11. 如图5-35所示为一个工业用水容器示意图，图中虚线表示水位。A、B、C 电极被水浸没时，有高电平信号输出。试用与非门构成的电路来实现下述控制作用：水面在 A、B 间，为正常状态，亮绿灯G；水面在 B、C 间，或在 A 以上，为异常状态，点亮黄灯Y；水面在 C 以下，为危险状态，点亮红灯R。要求写出设计过程。

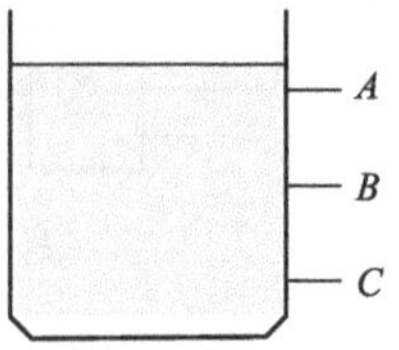

A
B
C

图 5-35

12. 试用卡诺图法判断逻辑函数式 $Y(A, B, C, D) = \sum m(0, 1, 4, 5, 12, 13, 14, 15)$。

问：是否存在逻辑现象？若有，采用增加冗余项的方法消除，并用与非门构成相应的电路。

四、问答

1. 简述组合逻辑电路的特点。

2. 简述组合逻辑电路分析的步骤。

3. 用中规模组合电路实现组合逻辑函数时应注意什么问题？

4. 什么是竞争—冒险？产生竞争—冒险的原因是什么？如何消除竞争—冒险？

5.4 常用组合逻辑功能器件及其应用

一、填空

1. 8 线—3 线优先编码器 74LS148 的优先编码顺序是$\overline{I_7}$，$\overline{I_6}$，$\overline{I_5}$，…，$\overline{I_0}$，输出为$\overline{Y_2}\,\overline{Y_1}\,\overline{Y_0}$。输入、输出均为低电平有效。当输入$\overline{I_7}\,\overline{I_6}\,\overline{I_5}\cdots\overline{I_0}$为 11010101 时，输出$\overline{Y_2}\,\overline{Y_1}\,\overline{Y_0}$为________________。

2. 3 线—8 线译码器 74HC138 处于译码状态时，当输入 $A_2A_1A_0=001$ 时，输出$\overline{Y_7}\sim\overline{Y_0}=$________________。

3. 实现将公共数据上的数字信号按要求分配到不同电路中去的电路叫做________________。

4. 根据需要选择一路信号送到公共数据线上的电路叫做________________。

5. 对于 1 位数值比较器，输入信号为两个要比较的 1 位二进制数，用 A、B 表示，输出信号为比较结果，即 $Y_{(A>B)}$、$Y_{(A=B)}$ 和 $Y_{(A<B)}$，则 $Y_{(A>B)}$ 的逻辑表达式为________________。

6. 能完成两个 1 位二进制数相加，并考虑到低位进位的器件称为________________。

二、选择

1. 译码器 74HC138 的使能端 $E_1\ \overline{E}_2\ \overline{E}_3$ 取值为（　　）时，处于允许译码状态。

A. 011　　B. 100　　C. 101　　D. 010

2. 数据分配器和（　　）有着相同的基本电路结构形式。

A. 加法器　　B. 编码器　　C. 数据选择器　　D. 译码器

3. 在二进制译码器中，若输入有 4 位代码，则输出有（　　）个信号。

A. 2　　B. 4　　C. 8　　D. 16

4. 比较 2 位二进制数 $A=A_1A_0$ 和 $B=B_1B_0$。当 $A>B$ 时，输出 $F=1$，则 F 表达式是（　　）。

A. $F=A_1\overline{B_1}$　　B. $F=A_1\overline{A_0}+B_1+\overline{B_0}$

C. $F=A_1\overline{B_1}+\overline{A_1\oplus B_1}A_0\overline{B_0}$　　D. $F=A_1\overline{B_1}+A_0+\overline{B_0}$

5. 集成 4 位数值比较器 74LS85 级联输入 $I_{A<B}$、$I_{A=B}$ 和 $I_{A>B}$ 分别接 001。当输入两个相等的 4 位数据时，输出 $F_{A<B}$、$F_{A=B}$ 和 $F_{A>B}$ 分别为（　　）。

A. 010　　B. 001　　C. 100　　D. 011

6. 实现两个 4 位二进制数相乘的组合电路，应有（　　）个输出函数。

A. 8　　B. 9　　C. 10　　D. 11

7. 设计一个 4 位二进制码的奇偶位发生器（假定采用偶检验码），需要（　　）个异或门。

A. 2　　B. 3　　C. 4　　D. 5

8. 在图 5-36 中，能实现函数 $F=\overline{A}B+B\overline{C}$ 的电路为（　　）。

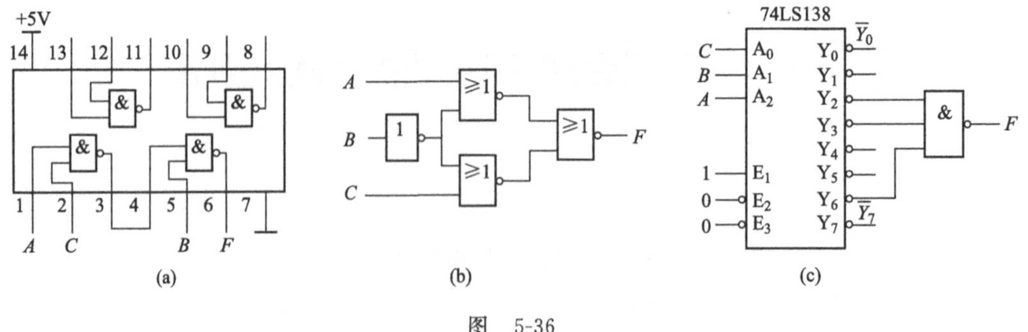

图 5-36

A. 电路（a）　　B. 电路（b）　　C. 电路（c）　　D. 都不是

三、计算

1. 电路如图 5-37 所示，图中①～⑤均为 2 线—4 线译码器。

（1）欲分别使译码器①～④处于工作状态，对应的 C、D 应输入何种状态？

（2）当译码器①工作时，请对应 A、B 的状态写出 $\overline{Y_{10}}\sim\overline{Y_{13}}$ 的状态。

（3）说明电路的逻辑功能。

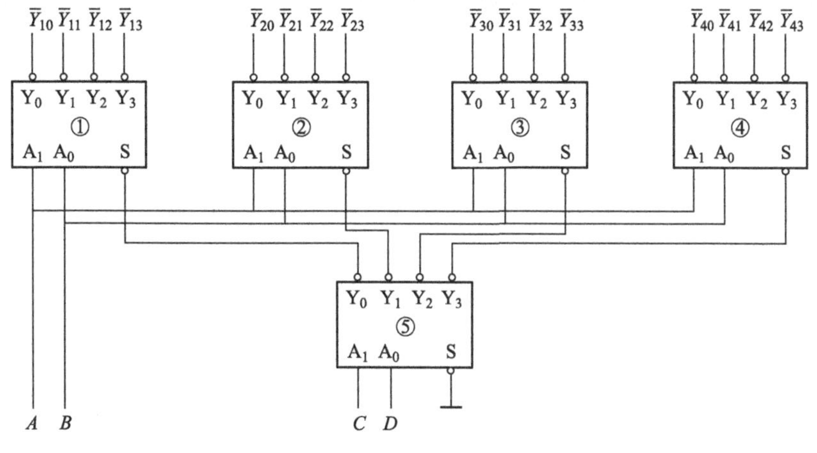

图　5-37

处于工作状态的译码器	C、D 应输入的状态	
	C	D
①		
②		
③		
④		

A	B	$\overline{Y_{10}}$	$\overline{Y_{11}}$	$\overline{Y_{12}}$	$\overline{Y_{13}}$
0	0				
0	1				
1	0				
1	1				

2. 图 5-38 所示电路是由 3 线—8 线译码器 74HC138 及门电路构成的地址译码电路。试列出此译码电路每个输出对应的地址，要求输入地址 $A_7A_6A_5A_4A_3A_2A_1A_0$ 用十六进制表示。

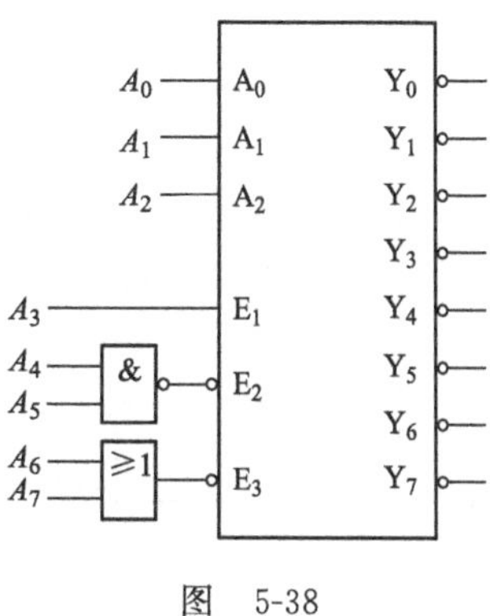

图　5-38

3. 试用一片 3 线—8 线译码器 74HC138 和最少的门电路设计一个奇偶校验器，要求当输入变量 $ABCD$ 中有偶数个 1 时输出为 1，否则为 0（$ABCD$ 为 0000 时，视作偶数个 1）。

4. 由 4 选 1 数据选择器构成的组合逻辑电路如图 5-39 所示，请画出在图中所示输入信号作用下，L 的输出波形。

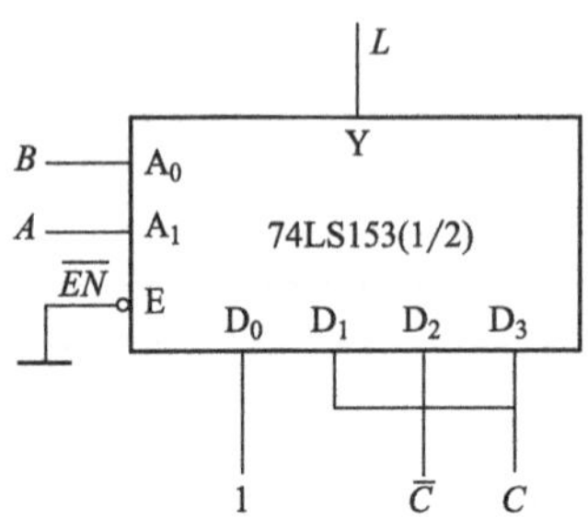

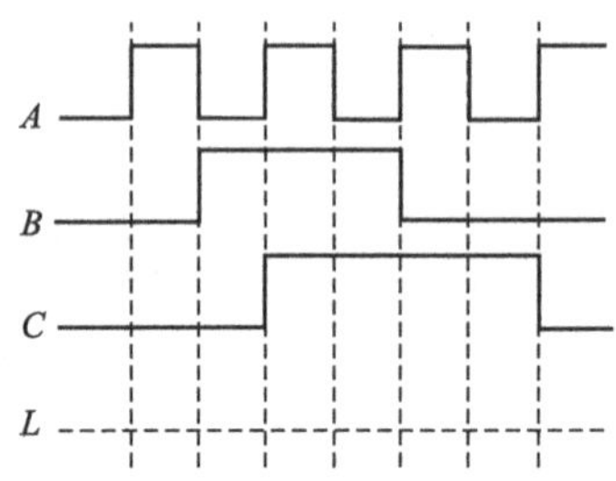

图 5-39

5. 图 5-40 所示是用两个 4 选 1 数据选择器组成的逻辑电路，试写出输出 Z 与输入 M、N、P、Q 之间的逻辑函数式。

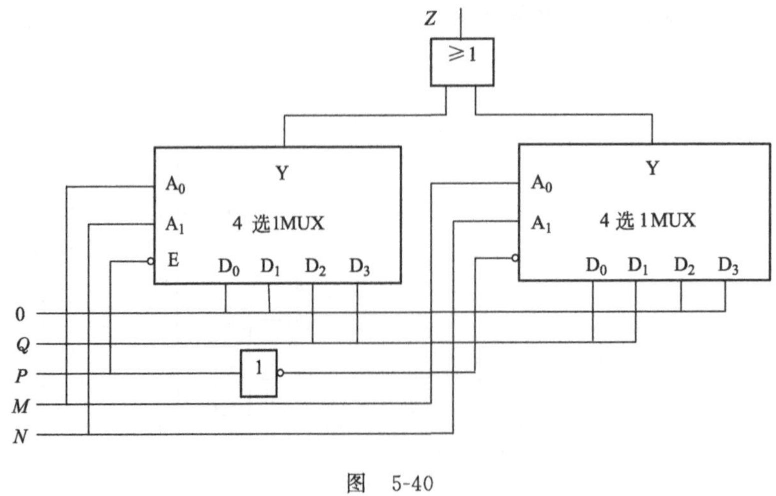

图 5-40

6. 一个组合逻辑电路有两个控制信号 C_1 和 C_2，要求：

(1) $C_2C_1=00$ 时，$F=A\oplus B$ 。

(2) $C_2C_1=01$ 时，$F=\overline{AB}$ 。

(3) $C_2C_1=10$ 时，$F=\overline{A+B}$ 。

(4) $C_2C_1=11$ 时，$F=AB$ 。

试设计符合上述要求的逻辑电路（器件不限）。

7. 已知 8 选 1 数据选择器 74LS151 芯片的选择输入端 A_2 的引脚折断，无法输入信号，但芯片内部功能完好。试问：如何利用它来实现函数 $F(A, B, C)=\sum m(1, 2, 4, 7)$？要求写出实现过程，画出逻辑图。

8. 用一片 4 位数值比较器 74HC85 和适量的门电路，实现两个 5 位数值的比较。

9. 设 A、B 为 4 位无符号二进制数（$B\neq 0$），用一个 74LS283 非门和一个其他类型门电路实现：当 $A=B-1$ 模 16 时，输出 $Y=1$，否则为 0。

10. 利用两片并行进位加法器和必要的门电路，设计一个 8421 BCD 码加法器。8421 BCD 码的运算规则是：当两数之和小于等于 9（1001）时，所得结果即为输出；当两数之和大于 9 时，应加上 6（0110）。

四、问答

1.什么是互斥输入的编码器？其逻辑表达式是如何利用随意项得到最简的？

2.什么是优先编码器？其逻辑表达式是怎样求得最简的？

3.什么是译码器？如何设计和应用译码器？

4.什么是多路选择器？如何设计和应用多路选择器？

5.如何用多路选择器实现逻辑函数？

6.什么是数值比较器？

7.什么是全加器？

8.什么是逐位进位加法器？如何设计？

9.什么是超前进位加法器？其设计依据什么？

第6章

时序逻辑电路

6.1 双稳态触发器

一、填空

1. 时序逻辑电路的特点是：电路在任何时刻的输出状态，不仅取决于该时刻的__________，还取决于__________。

2. 时序电路中必须含有具有_______能力的存储器件。

3. 以触发器作为存储器件的时序电路由_______和_______两部分组成。

4. 按照电路状态转换情况不同，时序电路分为_______和_______两大类。

5. 时序逻辑电路的描述方法包括_______、_______、_______、_______。

6. 按照电路结构和工作特点的不同，将触发器分成_______、_______、_______。

7. 基本 RS 触发器有两个输入端_______和_______，用来加入触发信号。触发信号是_______有效。

8. 由与非门构成的基本 RS 触发器的特征方程为_______，约束条件为_______。

9. 一个基本 RS 触发器在正常工作时，它的约束条件是 $\overline{R}+\overline{S}=1$，则它不允许输入 $\overline{S}=$____且 $\overline{R}=$_____的信号。

10. 同步 RS 触发器状态的改变是与________信号同步的。

11. 在 CP 有效期间，若同步触发器的输入信号发生多次变化，其输出状态相应地产生多次变化。这种现象称为____________。

12. 同步触发器属于_____触发的触发器；主从触发器属于_____触发的触发器。

13. 边沿触发器是一种能防止_____现象的触发器。

14. 与主从触发器相比，_____触发器的抗干扰能力较强。

15. 主从触发器是一种能防止_______现象的触发器。

16. 钟控触发器也称同步触发器，其状态的变化不仅取决于_____信号的变化，还取决于_______信号的作用。

17. 在 CP 脉冲和输入信号作用下，JK 触发器能够具有_____、_____、_____和_____的逻辑功能。

18. 在 CP 脉冲有效期间，D 触发器的次态方程 $Q^{n+1}=$_____，JK 触发器的次态方程

$Q^{n+1}=$______。

19. 对于JK触发器，在CP脉冲有效期间，若$J=K=0$，触发器状态______；若$J=\overline{K}$，触发器______或______；若$J=K=1$，触发器状态______。

20. 在各种同步触发器中，不需具备时钟条件的输入信号是______和______。

21. 集成JK触发器74LS76内含______个触发器，______异步清零端和异步置“1”端。时钟脉冲为______触发。

22. 根据逻辑功能来分，触发器有______、______、______、______、______五种功能类型。

23. 对于JK触发器，若$J=K$，可完成______触发器的逻辑功能。

24. 将D触发器的D端与$\overline{Q}$端直接相连时，D触发器可转换成______触发器。

二、选择

1. 时序逻辑电路中一定包含（　　）。

A. 触发器　　B. 编码器　　C. 移位寄存器　　D. 译码器

2. 时序电路某一时刻的输出状态，与该时刻之前的输入信号（　　）。

A. 有关　　B. 无关　　C. 有时有关，有时无关　　D. 以上都不对

3. 下列逻辑电路中，为时序逻辑电路的是（　　）。

A. 变量译码器　　B. 加法器　　C. 数码寄存器　　D. 数据选择器

4. 同步时序电路和异步时序电路相比，其差异在于后者（　　）。

A. 没有触发器　　B. 没有统一的时钟脉冲控制

C. 没有稳定状态　　D. 输出只与内部状态有关

5. 描述时序逻辑电路功能的两个必不可少的重要方程式是（　　）。

A. 次态方程和输出方程　　B. 次态方程和驱动方程

C. 驱动方程和时钟方程　　D. 驱动方程和输出方程

6. 米里型时序逻辑电路的输出是（　　）。

A. 只与输入有关

B. 只与电路当前状态有关

C. 与输入和电路当前状态均有关

D. 与输入和电路当前状态均无关

7. 摩尔型时序逻辑电路的输出是（　　）。

A. 只与输入有关

B. 只与电路当前状态有关

C. 与输入和电路当前状态均有关

D. 与输入和电路当前状态均无关

8. 图6-1所示为由或非门构成的基本RS触发器，输入S、R的约束条件是（　　）。

A. $SR=0$　　B. $SR=1$　　C. $S+R=0$　　D. $S+R=1$

9. 图6-2所示为由与非门组成的基本SR锁存器，为使锁存器处于“置1”状态，其$\overline{S}\cdot\overline{R}$应为（　　）。

A. $\overline{S}\cdot\overline{R}=00$　　B. $\overline{S}\cdot\overline{R}=01$　　C. $\overline{S}\cdot\overline{R}=10$　　D. $\overline{S}\cdot\overline{R}=11$

10. 逻辑电路如图6-3所示，当$A=1$时，基本RS触发器（　　）。

A. 置“1”　　B. 置“0”　　C. 保持原状态

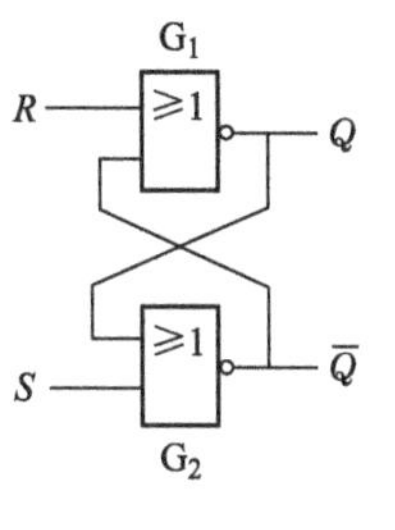

图 6-1

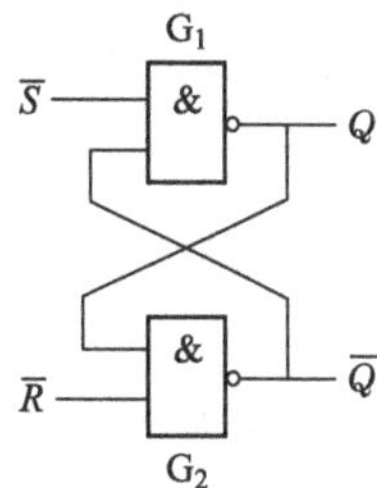

图 6-2

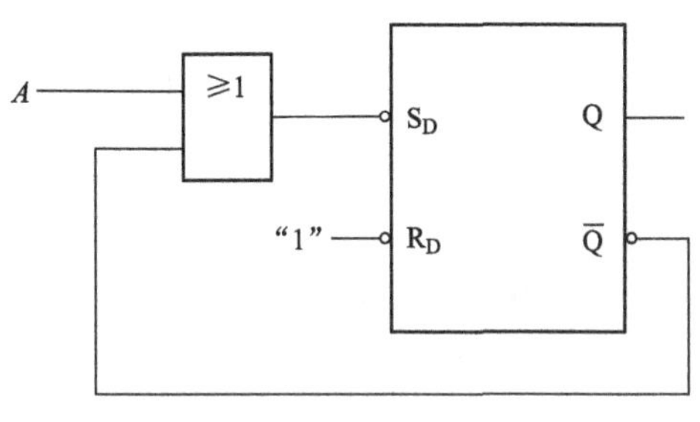

图 6-3

11. 用与非门组成的基本 RS 触发器的所谓“状态不定”，是发生在 R、S 端同时加入信号（　　）时。

A. $R=0$，$S=0$　　B. $R=0$，$S=1$　　C. $R=1$，$S=0$　　D. $R=1$，$S=1$

12. 有一个与非门构成的基本 RS 触发器，欲使其输出状态保持原态不变，其输入信号应为（　　）。

A. $S=R=0$　　B. $S=0$，$R=1$　　C. $S=1$，$R=0$　　D. $S=R=1$

13. CP 有效期间，同步 RS 触发器的特性方程是（　　）。

A. $Q^{n+1}=S+\overline{R}Q^n$　　B. $Q^{n+1}=S+\overline{R}Q^n$（$RS=0$）

C. $Q^{n+1}=\overline{S}+RQ^n$　　D. $Q^{n+1}=\overline{S}+RQ^n$（$RS=0$）

14. 逻辑电路如图 6-4 所示，分析 C、S、R 的波形。当初始状态为“0”时，输出 Q 是“0”的瞬间为（　　）。

A. t_1　　B. t_2　　C. t_3　　D. 都不是

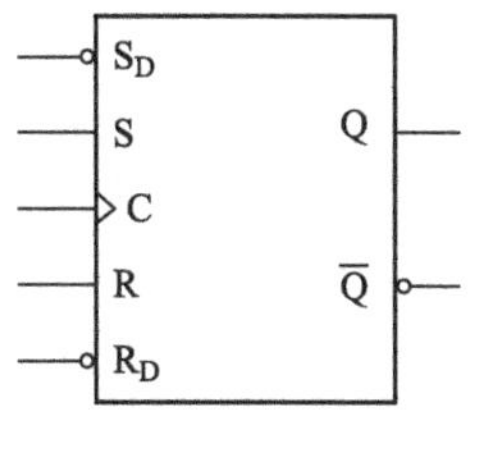

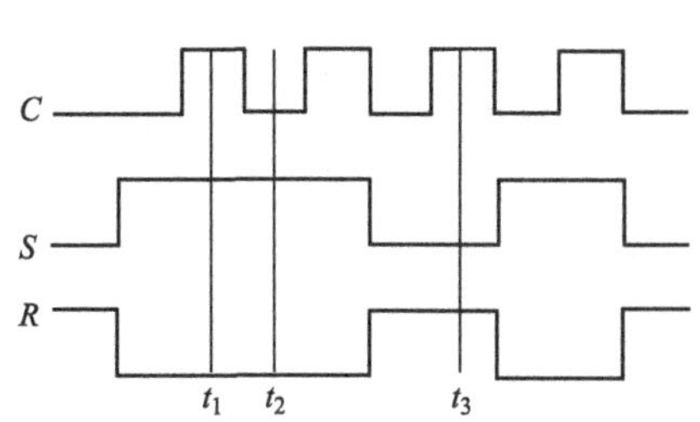

图 6-4

15. 使触发器的状态变化分两步完成的触发方式是（　　）。

A. 主从触发方式　　B. 边沿触发方式　　C. 电位触发方式　　D. 维持阻塞触发方式

16. 对于具有直接复位端 $\overline{R}_d$ 和置位端 $\overline{S}_d$ 的触发器，当触发器处于受 CP 脉冲控制的情况下工作时，这两端所加信号为（　　）。

A. $\overline{R}_d\overline{S}_d=00$　　B. $\overline{R}_d\overline{S}_d=01$　　C. $\overline{R}_d\overline{S}_d=10$　　D. $\overline{R}_d\overline{S}_d=11$

17. 对于 RS 触发器，当输入 $S=\overline{R}$ 时，具备时钟条件后，次态 Q^{n+1} 为（　　）。

A. $Q^{n+1}=S$　　B. $Q^{n+1}=R$　　C. $Q^{n+1}=0$　　D. $Q^{n+1}=1$

18. 假设 JK 触发器的现态 $Q^n=0$，要求 $Q^{n+1}=0$，应使（　　）。

A. $J=\times$，$K=0$　　B. $J=0$，$K=\times$　　C. $J=1$，$K=\times$　　D. $J=K=1$

19. 电路如图 6-5 所示。实现 $Q^{n+1}=\overline{Q}^n+A$ 的电路是（　　）。

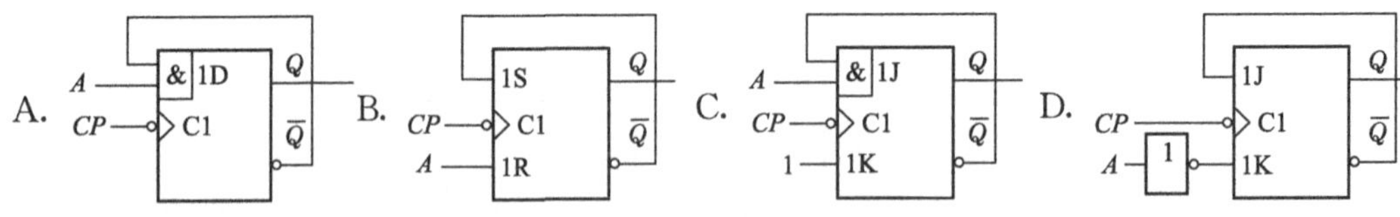

20. 触发器异步输入端的作用是（　　）。

A. 清零　　B. 置“1”　　C. 接收时钟脉冲　　D. 清零或置“1”

21. 电路如图 6-6 所示，假设电路中各触发器的当前状态 $Q_2Q_1Q_0$ 为 100，请问在时钟作用下，触发器的下一状态 $Q_2Q_1Q_0$ 为（　　）。

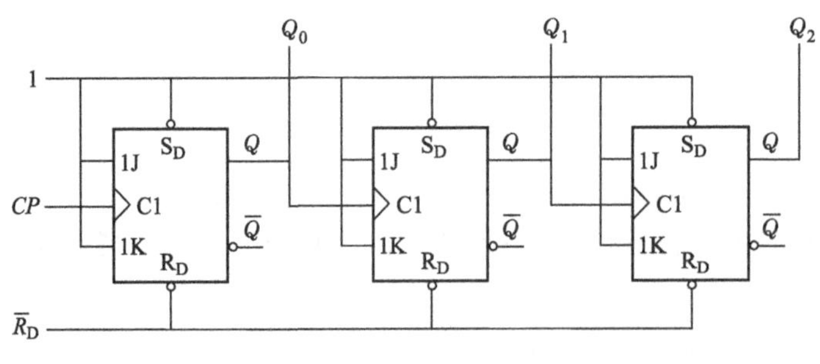

图　6-6

A. 101　　B. 100　　C. 011　　D. 000

22. 电路图 6-7 所示。设电路中各触发器的当前状态 $Q_2Q_1Q_0$ 为 110，请问在时钟 CP 作用下，触发器的下一状态为（　　）。

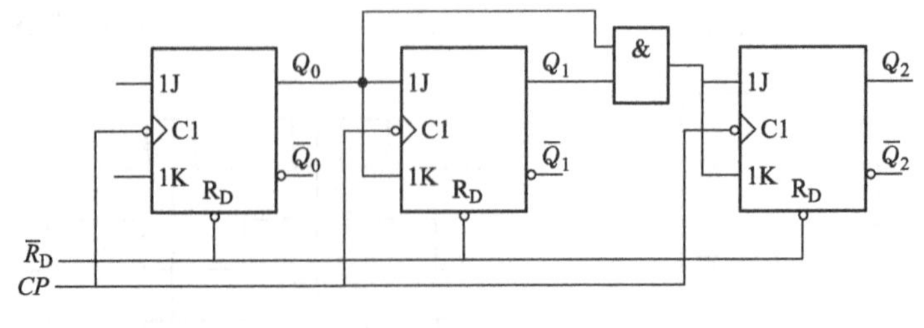

图　6-7

A. 101　　B. 010　　C. 110　　D. 111

23. 某 JK 触发器工作时，输出状态始终保持为 1，可能的原因有（　　）。

A. 无时钟脉冲输入　　B. 异步置“1”端始终有效

C. $J=K=0$　　　　　　　　　　D. $J=1$，$K=0$

24. 电路如图 6-8 所示。实现 $Q^{n+1}=\overline{Q}^n$ 的电路是（　　）。

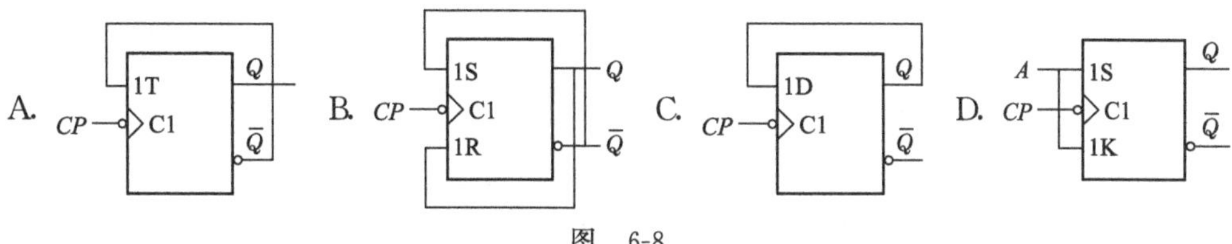

图　6-8

25. 电路如图 6-9 所示，输出端 Q 所得波形的频率为 CP 信号二分频的电路为（　　）。

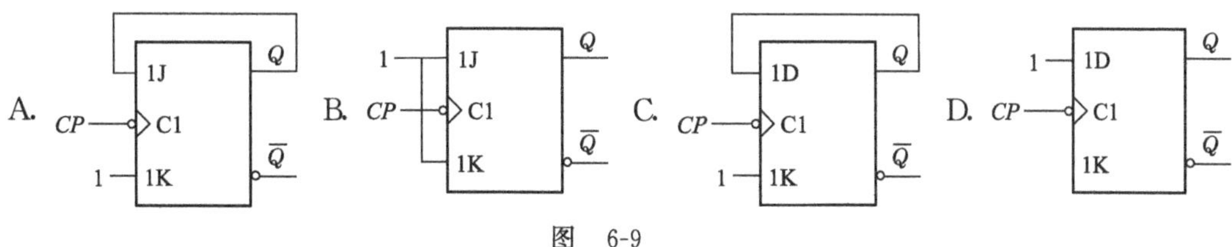

图　6-9

26. 将 D 触发器改造成 T 触发器，如图 6-10 所示电路中的虚线框内应是（　　）。

A. 或非门　　　　B. 与非门　　　　C. 异或门　　　　D. 同或门

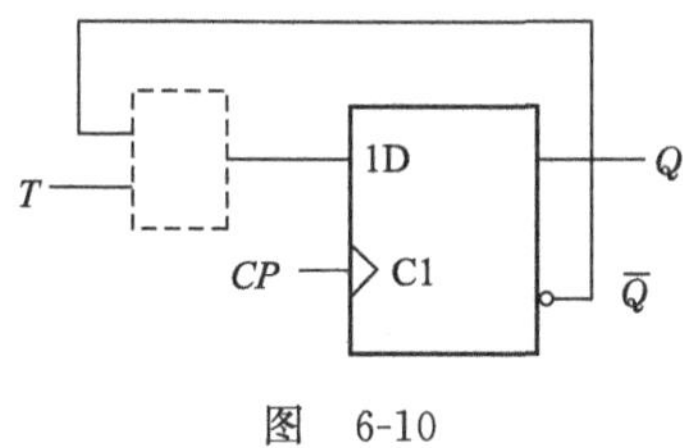

图　6-10

三、计算

1. 由与非门构成的基本 RS 触发器如图 6-11 所示，已知输入端的电压波形，试画出与之对应的 Q 和 $\overline{Q}$ 波形。

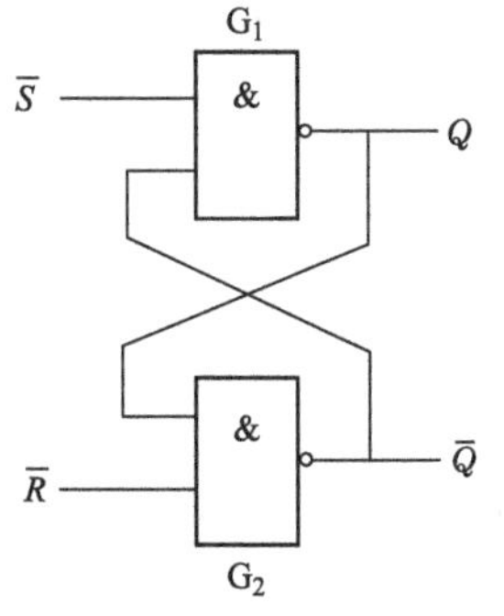

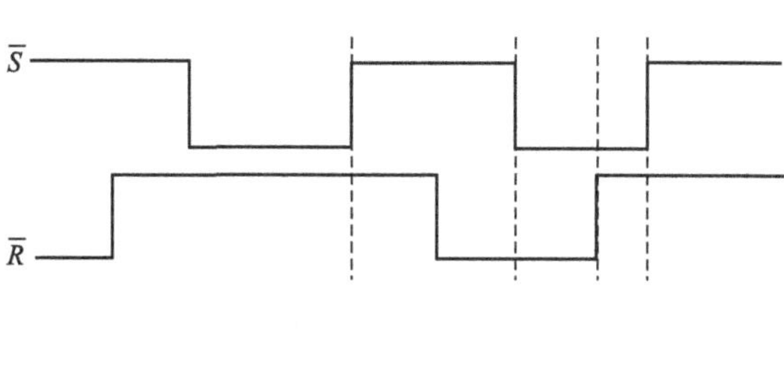

图　6-11

2. 画出图 6-12 所示由与非门组成的基本 RS 触发器输出端 Q、$\overline{Q}$ 的电压波形，输入端 $\overline{S}$、$\overline{R}$ 的电压波形如图 6-12 中所示。

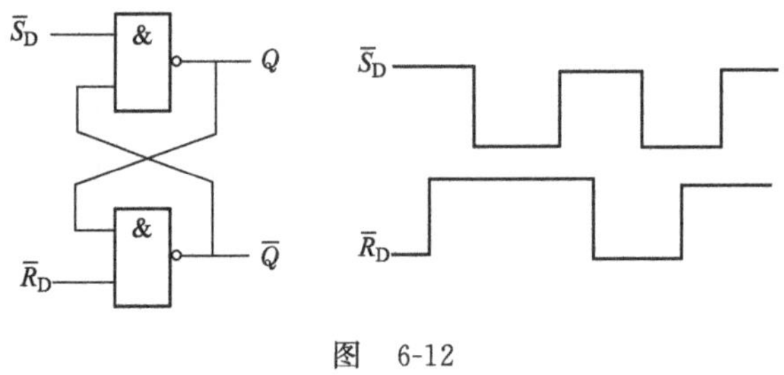

图 6-12

3. 画出图 6-13 所示由或非门组成的基本 RS 触发器输出端 Q、$\overline{Q}$ 的电压波形，输出入端 S_D、R_D 的电压波形如图 6-13 中所示。

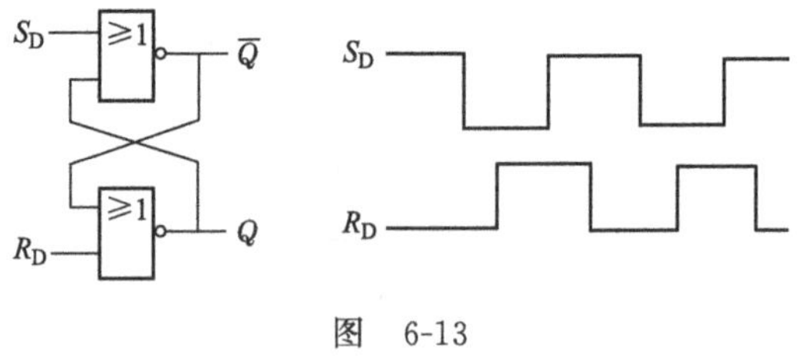

图 6-13

4. 图 6-14 所示为一个防抖动输出的开关电路。当拨动开关 S 时，由于开关触点接触瞬间发生振颤，$\overline{S}_D$ 和 $\overline{R}_D$ 的电压波形如图 6-14 中所示。试画出 Q、$\overline{Q}$ 端对应的电压波形。

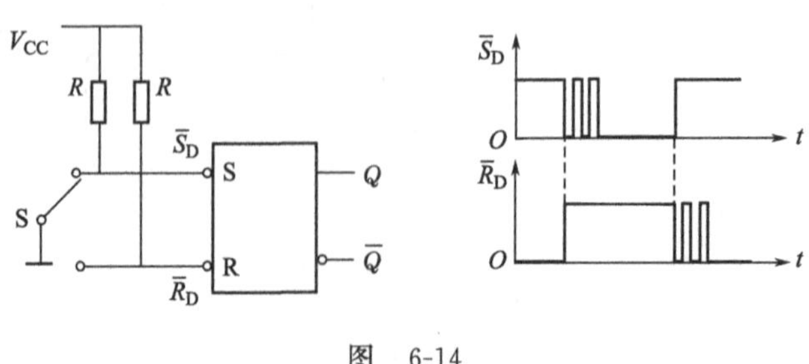

图 6-14

5. 写出图 6-15 所示触发器的特性方程。

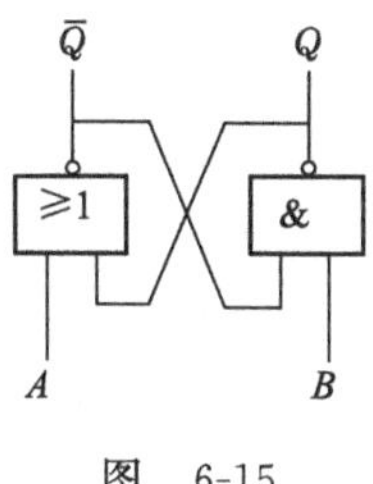

图　6-15

6. 写出图 6-16 所示触发器的特性方程。

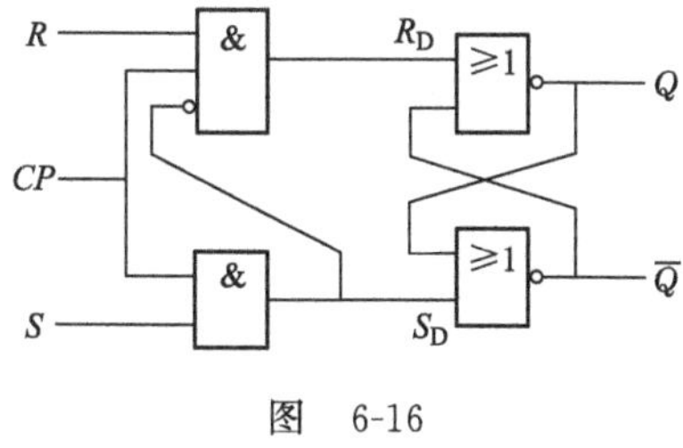

图　6-16

7. 同步 RS 触发器符号如图 6-17 所示，设初始状态为 0。如果 CP、S、R 的波形如图中所示，试画出相应的输出 Q 的波形。

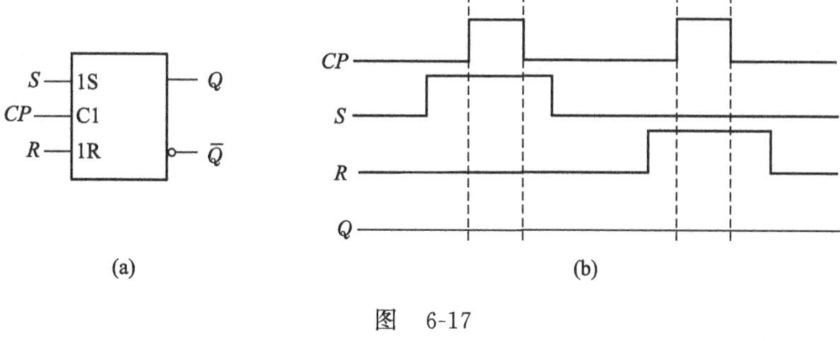

图　6-17

8. 试分析图 6-18 所示电路的逻辑功能，列出真值表，并写出逻辑函数式。

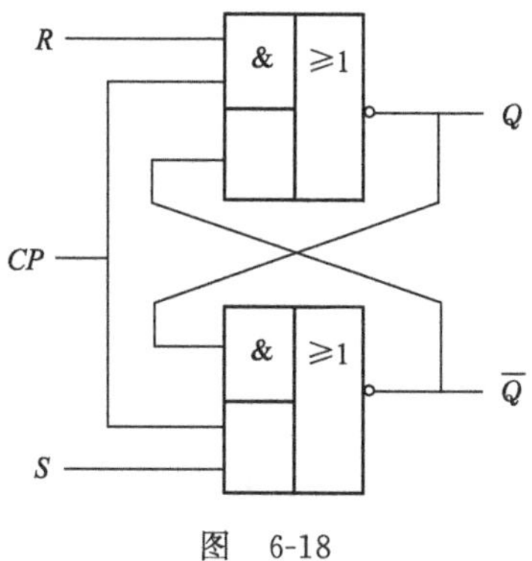

图　6-18

9. 在图 6-19 所示电路中，若 CP、S、R 的电压波形如图 6-19 中所示，试画出 Q 和 $\overline{Q}$ 端与之对应的电压波形（假定触发器的初始状态为 $Q=0$）。

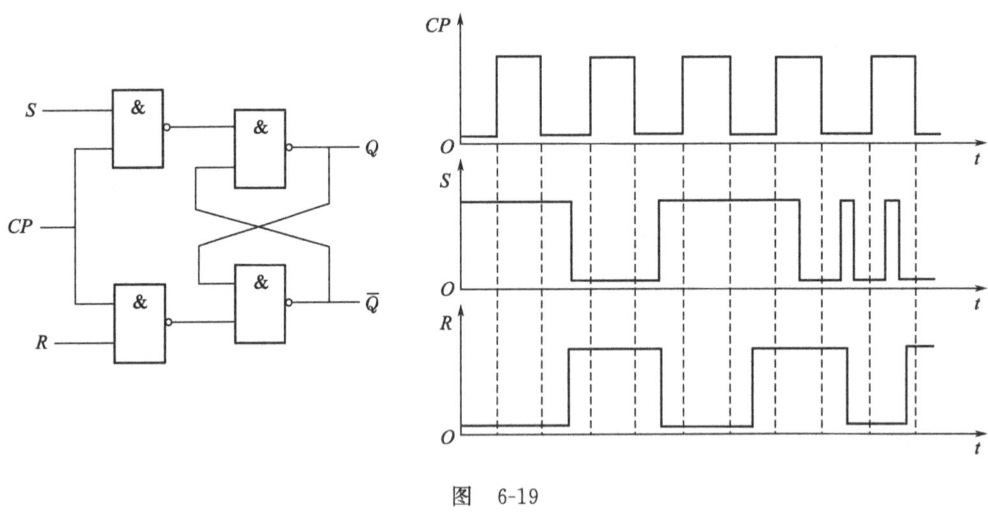

图 6-19

10. RS 触发器各输入端的电压波形如图 6-20 所示，试画 Q、$\overline{Q}$ 端对应的电压波形（设触发器的初始状态为 $Q=0$）。

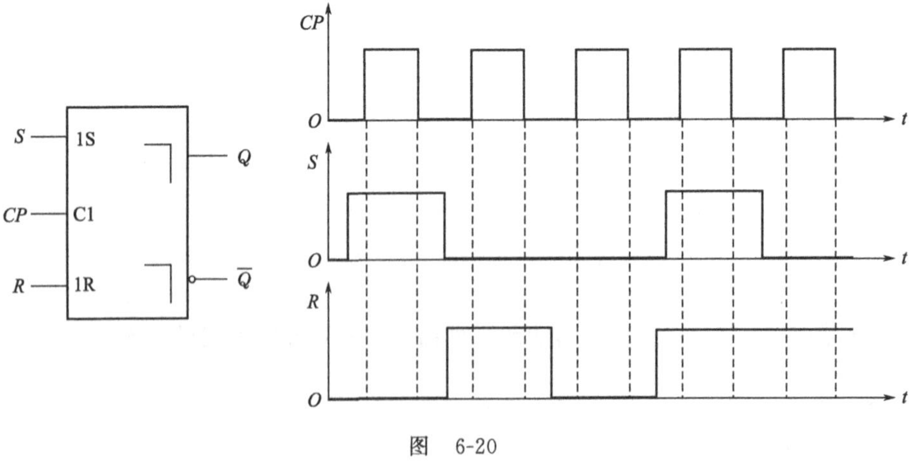

图 6-20

11. 有一个上升沿触发的 JK 触发器如图 6-21(a) 所示，已知 CP、J、K 信号波形如图 6-21(b) 所示，画出 Q 端的波形（设触发器的初始态为 0）。

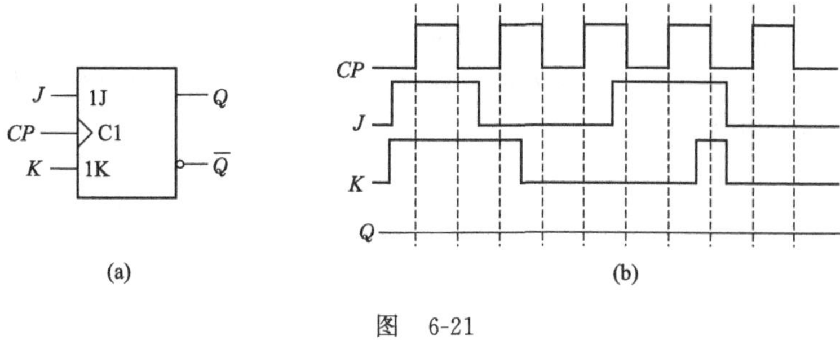

图　6-21

12. 试画出如图 6-22 所示时序电路在一系列 CP 信号作用下，Q_0、Q_1、Q_2 的输出电压波形（设触发器的初始状态为 $Q=0$）。

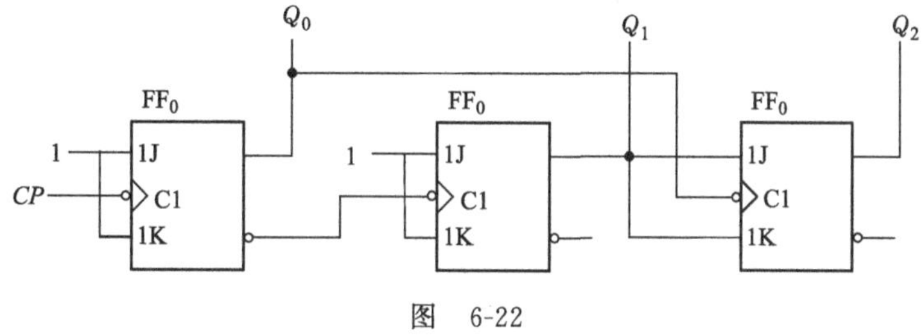

图　6-22

13. 时序电路如图 6-23(a) 所示，给定 CP 和 A 的波形如图 6-23(b) 所示，画出 Q_1、Q_2、Q_3 的波形（假设初始状态为 0）。

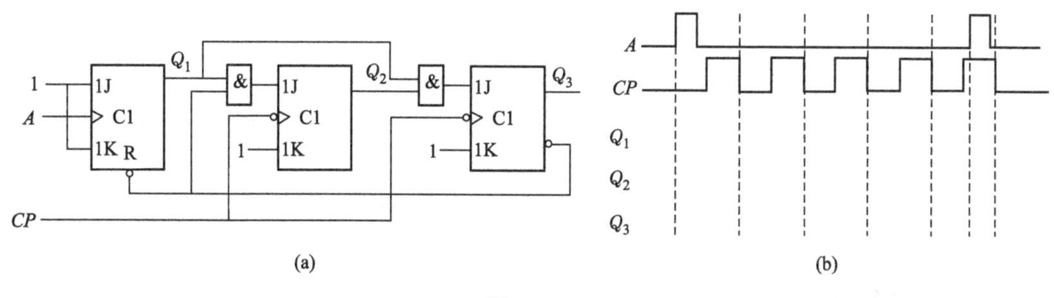

图　6-23

14.（1）分析图 6-24(a) 所示由 CMOS 传输门构成的钟控 D 锁存器的工作原理。

（2）分析图 6-24(b) 所示主从 D 触发器的工作原理。

（3）有如图 6-24(c) 所示波形加在图 6-24(a)、(b) 所示锁存器和触发器上，画出它们的输出波形（设初始状态为 0）。

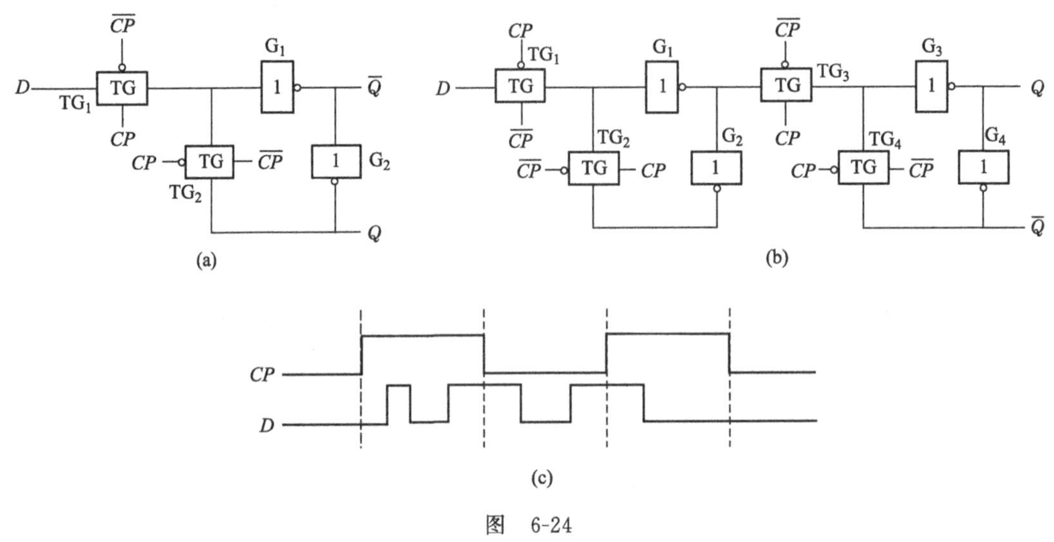

图 6-24

15. 图 6-25(a) 所示为由 D 锁存器和门电路组成的系统，锁存器和门电路的开关参数如下所述：

锁存器传输延时 $t_{pd(DQ)}=15ns$，$t_{pd(CQ)}=12ns$，建立时间 $t_{SU}=20ns$；保持时间 $t_H=0ns$。

与门的传输延时 $t_{pdAND}=16ns$，或门的传输延迟时间 $t_{pdOR}=18ns$，异或门的传输延迟时间 $t_{pdXOR}=22ns$。

（1）求系统的数据输入建立时间 t_{SUsys}。

（2）系统的时钟及数据输入 1 的波形如图 6-25(b) 所示。假设数据输入 2 和数据输入 3 均恒定为 0，请画出 Q 的波形，并标明 Q 对于时钟及数据输入 1 的延迟。

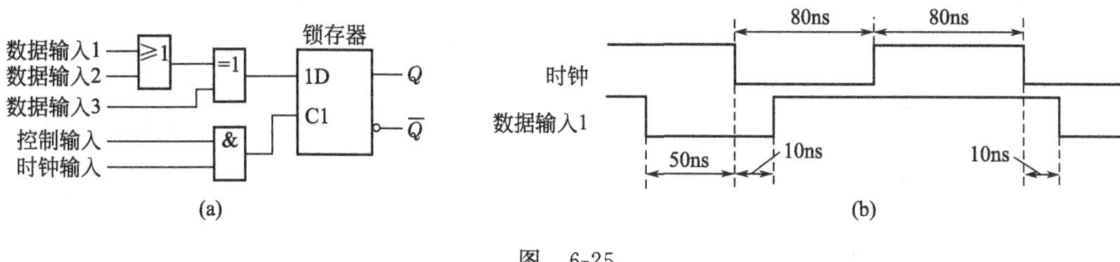

图　6-25

16. 图 6-26 所示是用维持阻塞结构 D 触发器组成的脉冲分频电路。试画出在一系列 CP 脉冲作用下，输出端 Y 对应的电压波形（设触发器的初始状态均为 $Q=0$）。

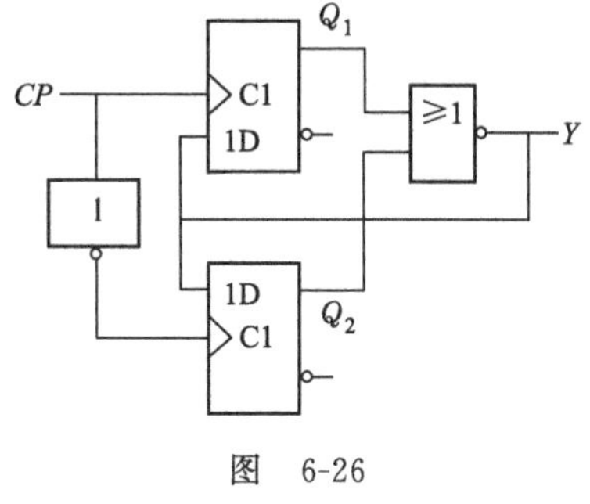

图　6-26

17. 试画出图 6-27 示电路输出 Y、Z 的电压波形，输入信号 A 和时钟 CP 的电压波形如图 6-27 所示（设触发器的初始状态均为 $Q=0$）。

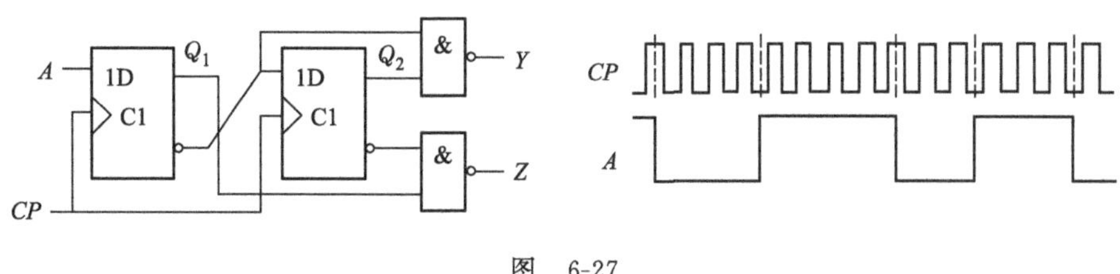

图　6-27

18. 试画出电路在图 6-28 中所示 CP、$\overline{R}_D$ 信号作用下 Q_1、Q_2、Q_3 的输出电压波形，并说明 Q_1、Q_2、Q_3 输出信号的频率与 CP 信号频率之间的关系。

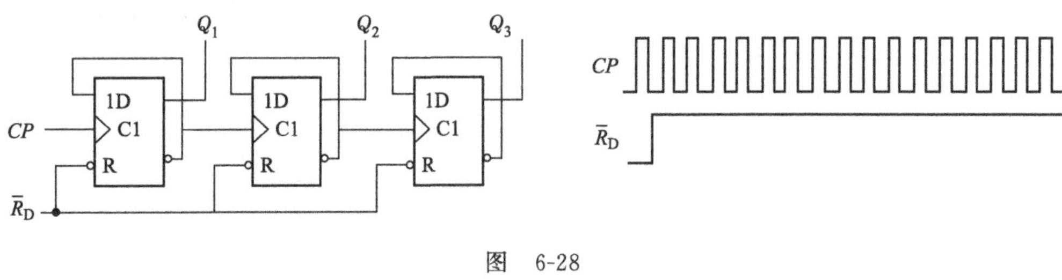

图 6-28

19. 用上升沿 D 触发器和门电路设计一个带使能 EN 的上升沿 D 触发器。要求当 $EN=0$ 时，时钟脉冲加入后，触发器也不转换；当 $EN=1$ 时，当时钟加入后，触发器正常工作。注意：触发器只允许在上升沿转换。

20. 试用 D 触发器设计一个同步五进制加法计数器。要求写出设计过程。

21. 设计三相步进电机控制器：工作在三相单双六拍正转方式，即在 CP 作用下控制三个线圈 A、B、C 按以下方式轮流通电：

22. 表 6-1 所示为循环 BCD 码编码表。试用 JK 触发器设计一个循环 BCD 码十进制同步加法计数器，并将其输出信号用与非门电路译码后控制交通灯：红灯 R、绿灯 G 和黄灯 Y。要求一个工作循环为：红灯亮 30 秒，黄灯亮 10 秒，绿灯亮 50 秒，黄灯亮 10 秒。要求写出设计过程。

表　6-1

十进制数	D	C	B	A	十进制数	D	C	B	A
0	0	0	0	0	5	1	1	1	0
1	0	0	0	1	6	1	0	1	0
2	0	0	1	1	7	1	0	1	1
3	0	0	1	0	8	1	0	0	1
4	0	1	1	0	9	1	0	0	0

四、问答

1. 简述时序逻辑电路的结构特点。

2. 简述时序逻辑电路和组合逻辑电路的区别。

3. 简述时序逻辑电路的分类。

4. 时序逻辑电路的逻辑功能描述方法有哪些？

5. 什么是状态表、状态图和时序图？

6. 状态图怎样构成？

7. 基本 RS 触发器的组成及工作原理是怎样的？

8. 什么是带时钟信号的 RS 触发器？

9. 主从 RS 触发器是怎样的？

10. 简述 74LS72 的逻辑功能。

11. 解释时序逻辑电路的自启动概念。解决自启动主要有哪几种方法？各有什么优缺点？

6.2 计数器

一、填空

1. 用来记忆和统计输入 CP 脉冲个数的电路，称为______。

2. 时序逻辑电路的分析：根据给定的电路，写出它的__________，列出__________，画出__________和__________，然后得出它的功能。

3. 同步时序逻辑电路的主要特点是：在同步时序逻辑电路中，由于所有触发器都由时钟脉冲信号 CP 来触发，它只控制触发器的__________，对触发器翻转到何种状态并无影响，所以在分析同步时序逻辑电路时，可以不考虑时钟条件。

4. 同步时序逻辑电路的描述：__________、__________、__________。

5. 时序逻辑电路按照其触发器是否有统一的时钟控制，分为__________时序电路和__________时序电路。

6. 某同步时序逻辑电路的状态表如表 6-2 所示。若电路初始状态为 A，输入序列 $X=010101$，则电路产生的输出响应序列为____________。

表　6-2

现态	次态	
	$X=0$	$X=1$
A	$B/0$	$C/1$
B	$C/1$	$B/0$
C	$A/0$	$A/1$

7. 某同步时序逻辑电路的状态图如图 6-29 所示。若电路的初始状态为 A，则在输入序列 11010010 作用下的状态和输出响应序列分别为________和________。

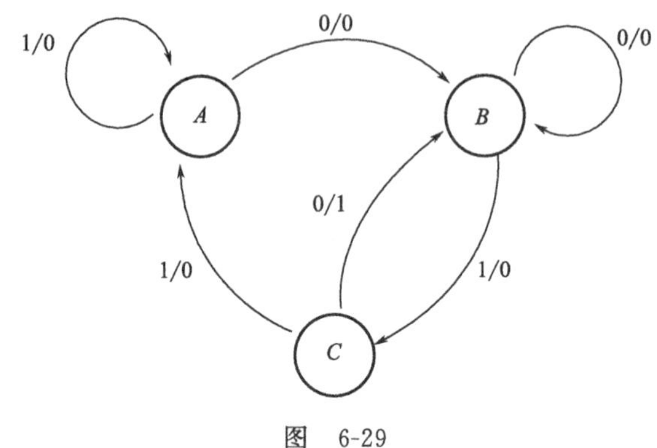

图 6-29

二、选择

1. 同步计数器和异步计数器相比，同步计数器的显著优点是（　　）。

A. 工作速度高　　B. 触发器利用率高

C. 电路简单　　D. 不受时钟 CP 控制

2. 把一个五进制计数器与一个四进制计数器串联，可得到（　　）进制计数器。

A. 4　　B. 5　　C. 9　　D. 20

3. 下列逻辑电路中，为时序逻辑电路的是（　　）。

A. 变量译码器　　B. 加法器　　C. 数码寄存器　　D. 数据选择器

4. N 个触发器可以构成最大计数长度（十进制数）为（　　）的计数器。

A. N　　B. $2N$　　C. N^2　　D. 2^N

5. 五个 D 触发器构成环形计数器，其计数长度为（　　）。

A. 5　　B. 10　　C. 25　　D. 32

6. 同步时序电路和异步时序电路相比，其差异在于后者（　　）。

A. 没有触发器　　B. 没有统一的时钟脉冲控制

C. 没有稳定状态　　D. 输出只与内部状态有关

7. 1 位 8421 BCD 码计数器至少需要（　　）个触发器。

A. 3　　B. 4　　C. 5　　D. 10

8. 欲设计 0、1、2、3、4、5、6、7 这几个数的计数器，如果设计合理，采用同步二进制计数器，最少应使用（　　）级触发器。

A. 2　　B. 3　　C. 4　　D. 8

9. 下列触发器中，（　　）不可作为同步时序逻辑电路的存储器件。

A. 基本 RS 触发器　　B. D 触发器　　C. JK 触发器　　D. T 触发器

10. 构成一个模 10 同步计数器，需要（　　）触发器。

A. 3 个　　B. 4 个　　C. 5 个　　D. 10 个

11. 实现同一功能的米里型同步时序电路比摩尔型同步时序电路所需要的（　　）。

A. 状态数目更多　　B. 状态数目更少　　C. 触发器更多　　D. 触发器一定更少

12. 同步时序电路设计中，状态编码采用相邻编码法的目的是（　　）。

A. 减少电路中的触发器　　B. 提高电路速度

C. 提高电路可靠性　　　　　　　　　　D. 减少电路中的逻辑门

三、计算

1. 分析图 6-30 所示时序逻辑电路，写出电路的驱动方程、状态方程和输出方程，画出电路的状态转换图，说明电路能否自启动。

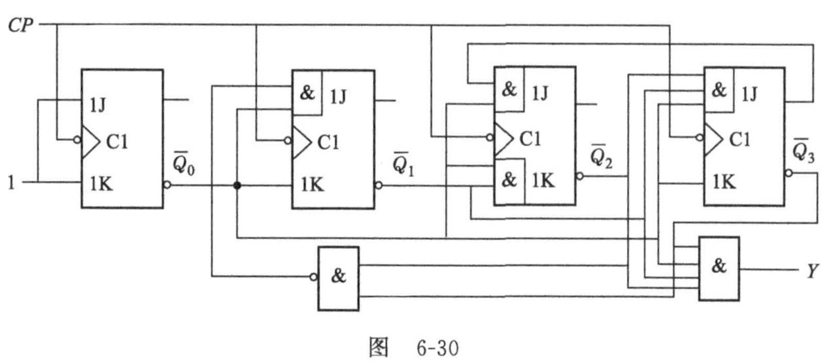

图　6-30

2. 分析如图 6-31 所示同步时序逻辑电路的功能，写出分析过程。

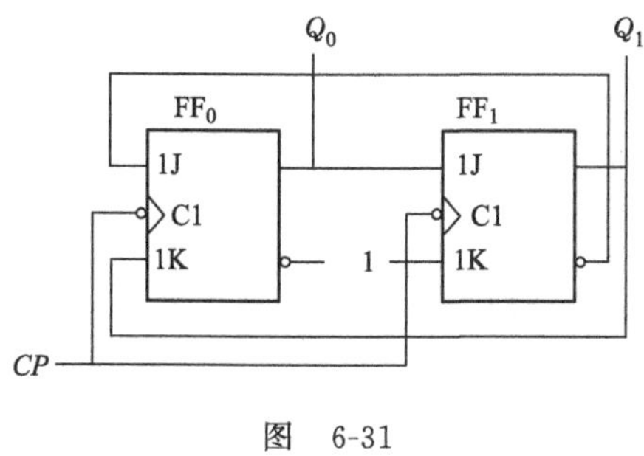

图　6-31

3. 试分析如图 6-32 所示同步时序逻辑电路，并写出分析过程。

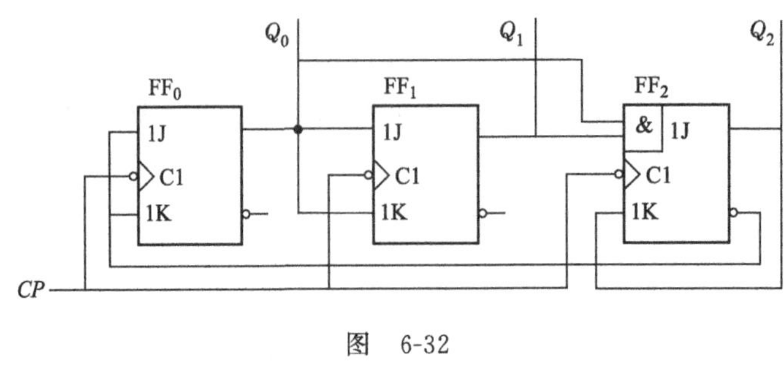

图　6-32

4. 同步时序电路如图 6-33 所示。

(1) 试分析虚线框内的电路，画出 Q_0、Q_1、Q_2 的波形，并说明虚线框内电路的逻辑功能。

(2) 若把电路中的 Y 输出和置零端 $\overline{R}_D$ 连接在一起，试说明当 $X_0X_1X_2$ 为 110 时，整个电路的逻辑功能。

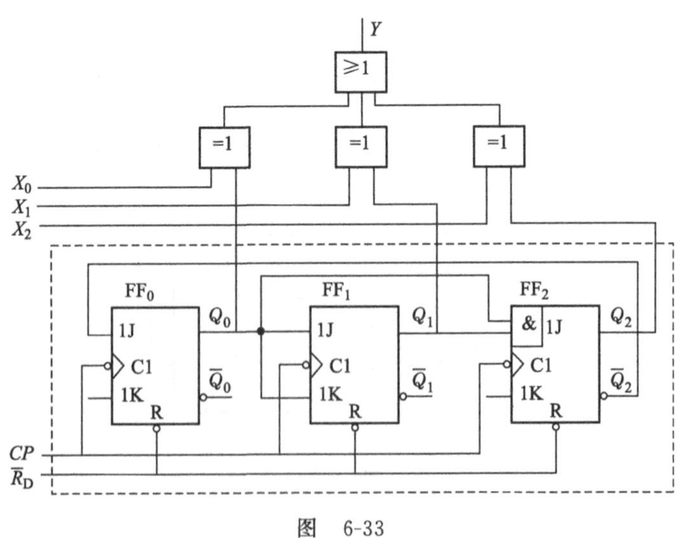

图　6-33

5. 用 74LS161 构成一个十二进制计数器。

6. 用 74LS163 构成一个十二进制计数器。

7. 用集成计数器 74LS163 和与非门组成六进制计数器。

四、问答

1. 简述同步时序逻辑电路的一般分析方法。

2. 什么是原始状态图？简述作图方法。

3. 作出原始状态图，设计一个串行数据检测电路，当连续输入 3 个或 3 个以上 1 时，电路的输出为 1，其他情况下输出为 0。

例如：输入 X：101100111011110

输入 Y：000000001000110

6.3 寄存器

一、填空

1. 用以存放二进制代码的电路称为__________。

2. 具有存放数码和使数码逐位右移或左移的电路称为________________。

3. 寄存器按照功能不同，可分为两类：________________寄存器和________________寄存器。

4. 由 4 位移位寄存器构成的顺序脉冲发生器可产生__________个顺序脉冲。

二、选择

1. 下列逻辑电路中，为时序逻辑电路的是（　　）。

A. 变量译码器　　B. 加法器　　C. 数码寄存器　　D. 数据选择器

2. N 个触发器可以构成能寄存（　　）位二进制数码的寄存器。

A. $N-1$　　B. N　　C. $N+1$　　D. $2N$

3. 对于 8 位移位寄存器，串行输入时经（　　）个脉冲后，8 位数码全部移入寄存器。

A. 1　　B. 2　　C. 4　　D. 8

4. 要产生 10 个顺序脉冲，若用 4 位双向移位寄存器 CT74LS194 来实现，需要（　　）片。

A. 3　　B. 4　　C. 5　　D. 10

5. 某移位寄存器的时钟脉冲频率为 100kHz，欲将存放在该寄存器中的数左移 8 位，需要（　　）时间。

A. $10\mu s$　　B. $80\mu s$　　C. $100\mu s$　　D. 800ms

6. 构成数码寄存器和移位寄存器的触发器，其逻辑功能一定为（　　）。

A. JK 触发器　　B. D 触发器　　C. 基本 RS 触发器　　D. T 触发器

7. 要想把串行数据转换成并行数据，应选（　　）。

A. 并行输入串行输出方式　　B. 串行输入串行输出方式

C. 串行输入并行输出方式　　D. 并行输入并行输出方式

8. 寄存器在电路组成上的特点是（　　）。

A. 有 CP 输入端，无数码输入端　　B. 有 CP 输入端和数码输入端

C. 无 CP 输入端，有数码输入端　　D. 无 CP 输入端和数码输入端

9. 通常寄存器应具有（　　）功能。

A. 存数和取数　　B. 清零和置数

C. A 和 B 都有　　D. 只有存数、取数和清零功能，没有置数

三、计算

1. 电路如图 6-34 所示，设 4 位双向移位寄存器 74194 的初始状态为 0011，分析电路，写出状态转换表，并画出各 Q 端波形。

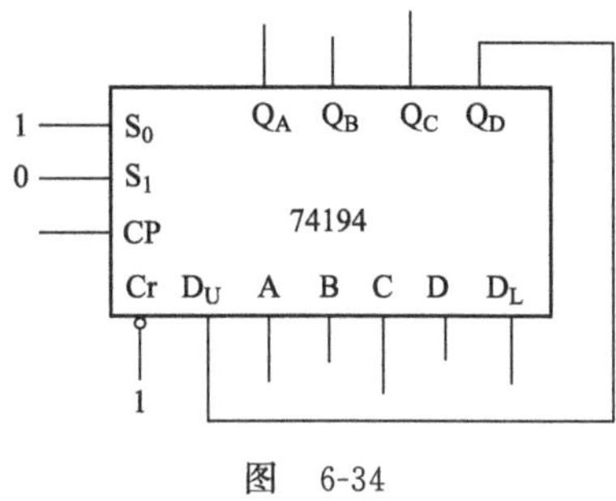

图　6-34

2. 由移位寄存器 74LS194 和 3-8 译码器组成的时序电路如图 6-35 所示。

（1）列出该时序电路的状态迁移表（设起始状态为 $Q_3Q_2Q_1Q_0=0110$）。

（2）指出该电路输出端 Z 产生什么序列。

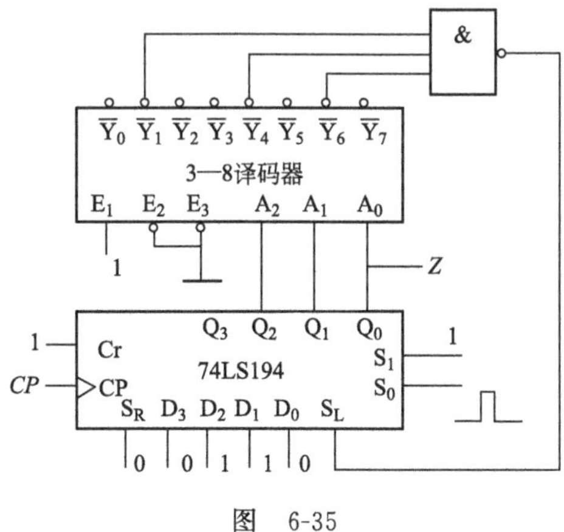

图　6-35

3. 试分析图 6-36 所示由 4 位双向移位寄存器 CT74LS194 及 8 选 1 数据选择器 CT74LS151 构成的电路。已知 CT74LS151 输出函数 $Y=\sum m_iD_i$（$i=0$，1，2，…，7）。试画出寄存器的状态转移图，给出 Z 的输出序列信号。

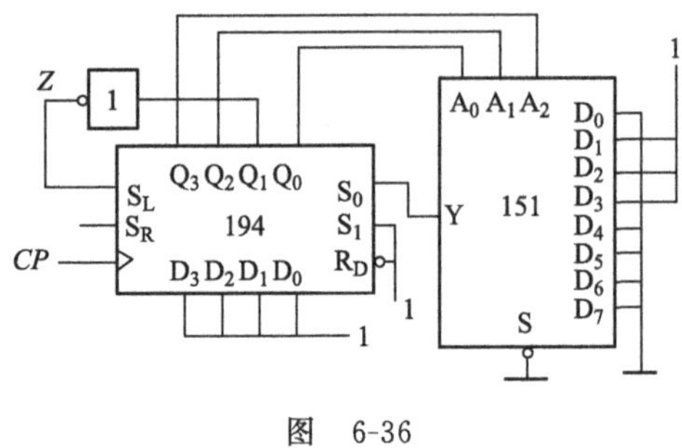

图 6-36

4. 电路如图 6-37 所示，设 4 位双向移位寄存器 74194 的初始状态为 0011，分析电路，写出状态转换表，并画各 Q 端波形。

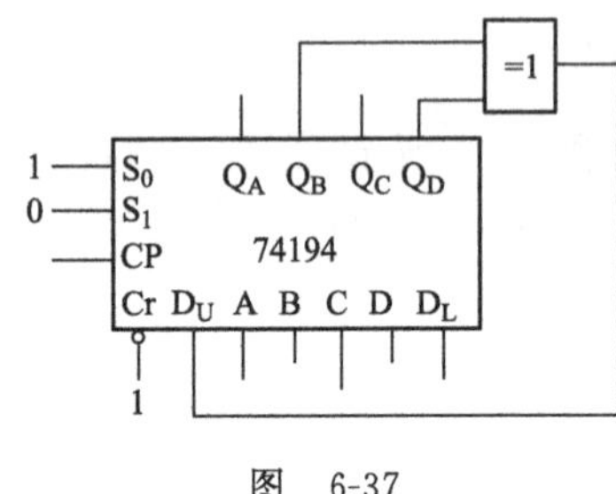

图 6-37

第7章

模/数混合器件与电子系统

7.1 集成555定时器

一、填空

1. 获得矩形脉冲的方法通常有两种：一种是__________；另一种是__________。

2. 触发器有__________个稳定状态，分别是____和____；单稳态触发器有____个稳定状态；多谐振荡器有____个稳定状态。

3. 多谐振荡器__________外加触发脉冲的作用。

4. 多谐振荡器的两个暂稳态之间的转换是通过__________实现的。

5. 石英晶体振荡器的两个优点是____________和____________。

6. 555 定时器的 4 脚为复位端，在正常工作时应接______电平。

7. 555 定时器的 5 脚悬空时，电路内部比较器 C_1、C_2 的基准电压分别是__________和__________。

8. 当 555 定时器的 3 脚输出高电平时，电路内部放电三极管 VT 处于__________状态；3 脚输出低电平时，三极管 VT 处于__________状态。

9. TTL 电平输出的 555 定时器的电源电压为__________。

10. 555 定时器构成单稳态触发器时，稳定状态为__________，暂稳状态为__________。

11. 555 定时器可以配置成三种不同的应用电路，它们是____________________。

12. 555 定时器构成单稳态触发器时，要求外加触发脉冲是负脉冲。该负脉冲的幅度应满足__________，且其宽度要满足__________条件。

13. 555 定时器构成多谐振荡器时，电容电压 u_C 将在__________和__________之间变化。

二、选择

1. 利用门电路的传输延迟时间，将（　　）个非门首尾相接，就构成一个简单的多谐振荡器。

A. 奇数　　　　B. 偶数　　　　C. 任意

2. 石英晶体振荡器的振荡频率由（　　）决定。

A. R　　　B. C　　　C. 晶体本身的谐振频率 f_s

3. 以下各电路中，(　　) 可以产生脉冲定时。

A. 多谐振荡器　　　B. 单稳态触发器　　　C. 施密特触发器　　　D. 石英晶体多谐振荡器

4. 555 定时器输入端 U_{I1} 端（管脚 6）、U_{I2} 端（管脚 2）的电平分别大于 $\frac{2}{3}U_{DD}$ 和 $\frac{1}{3}U_{DD}$ 时（复位端 $\overline{RD}=1$），定时器的输出状态是（　　）。

A. 0　　　B. 1　　　C. 原状态

5. 欲控制某电路在一定的时间内动作（延时），应选用（　　）。

A. 多谐振荡器　　　B. 计数器　　　C. 单稳态电路　　　D. 施密特电路

6. 555 定时器不能组成（　　）。

A. 多谐振荡器　　　B. 单稳态触发器　　　C. 施密特触发器　　　D. JK 触发器

7. 用 555 定时器组成施密特触发器，当输入控制端 CO 外接 10V 电压时，回差电压为（　　）。

A. 3.33V　　　B. 5V　　　C. 6.66V　　　D. 10V

8. 用 555 定时器构成单稳态触发器，其输出的脉宽为（　　）。

A. $0.7RC$　　　B. $1.1RC$　　　C. $1.4RC$　　　D. $1.8RC$

三、计算

1. 使用 555 定时器设计单稳态触发器，要求输出脉冲宽度为 1s。

2. 图 7-1 所示为一个防盗报警电路，a、b 两端被一根细铜丝接通，此铜丝置于小偷必经之处。当小偷闯入室内将铜丝碰断后，扬声器发出报警声（扬声器电压为 1.2V，通过电流为 40mA）。

（1）试问：555 定时器接成何种电路？

（2）简要说明该报警电路的工作原理。

（3）如何改变报警声的音调？

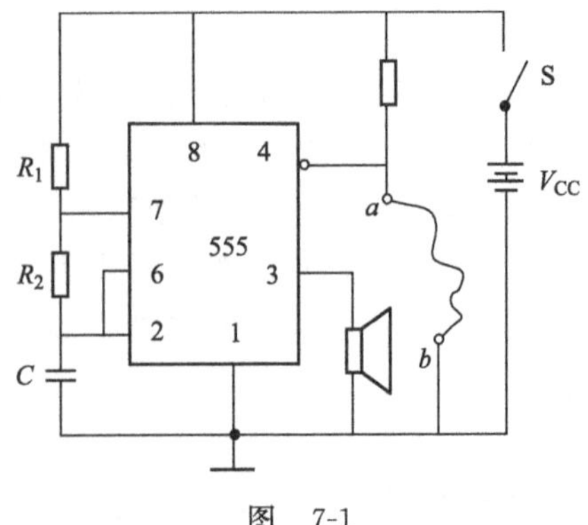

图　7-1

3. 用两个 555 定时器可以组成如图 7-2 所示的模拟声响电路。适当选择定时元件，当接通电源时，可使扬声器以 1kHz 频率间歇鸣响。

(1) 说明两个 555 定时器分别构成什么电路。

(2) 改变电路中的什么参数，可改变扬声器间歇鸣响时间？

(3) 改变电路中的什么参数，可改变扬声器鸣响的音调高低？

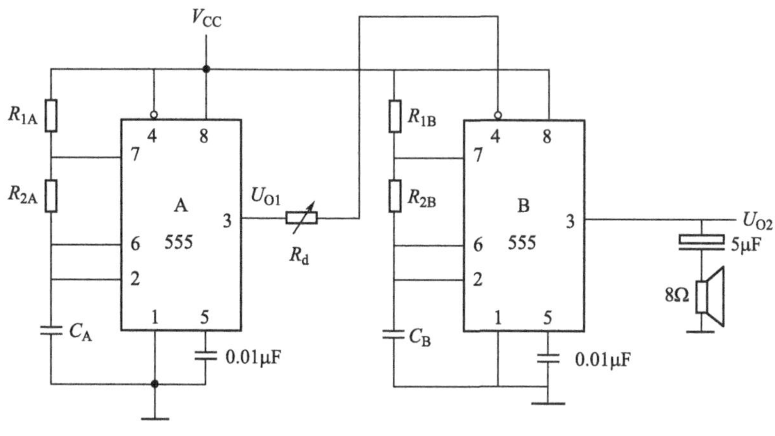

图　7-2

4. 用两级 555 定时器构成单稳态电路，实现图 7-3 所示输入电压 u_I 和输出电压 u_O 波形之间的关系，并确定定时电阻 R 和定时电容 C 的数值。

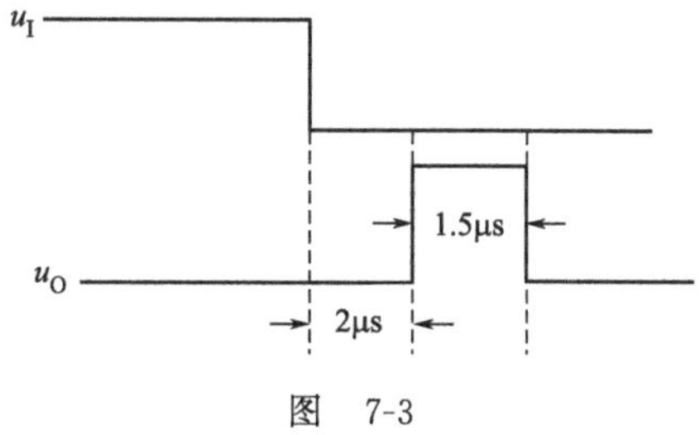

图　7-3

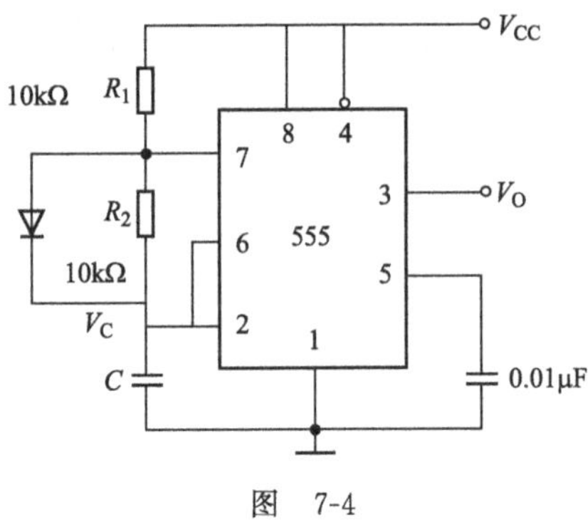

图 7-4

5.由555构成的电路如图7-4所示，二极管为理想的。

(1) 指出该电路的功能。

(2) 计算 V_O 的振荡周期及占空比。

(3) 画出 V_C 和 V_O 的波形。

(4) 若在5脚接固定电压3V，V_O 的周期及占空比是否变化？若变化，定性地指出变化趋势。

6.用集成电路定时器555构成的电路和输入波形 V_I 如图7-5所示。

(1) 电路实现什么功能？

(2) 试画出所对应的电容上电压 V_C 和输出电压 V_O 的工作波形。

(3) 求暂稳宽度 t_W。

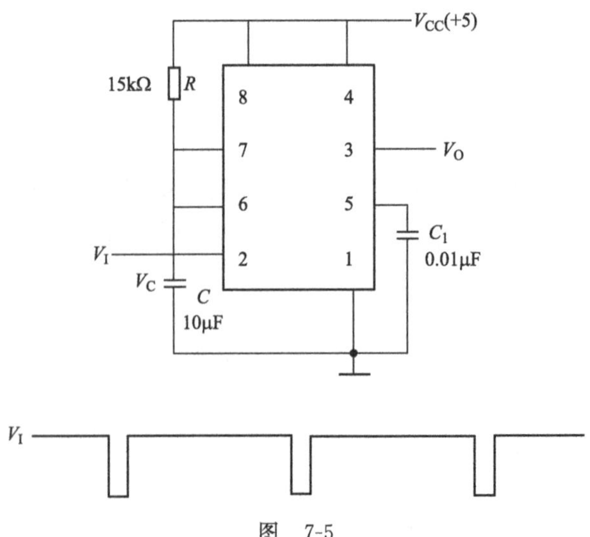

图 7-5

7. 电路如图 7-6 所示，VD 为理想二极管。

(1) 指出电路的功能。

(2) 计算 V_O 的振荡周期。

(3) 画出 V_C 和 V_O 的波形。

(4) 计算 V_O 的占空比。

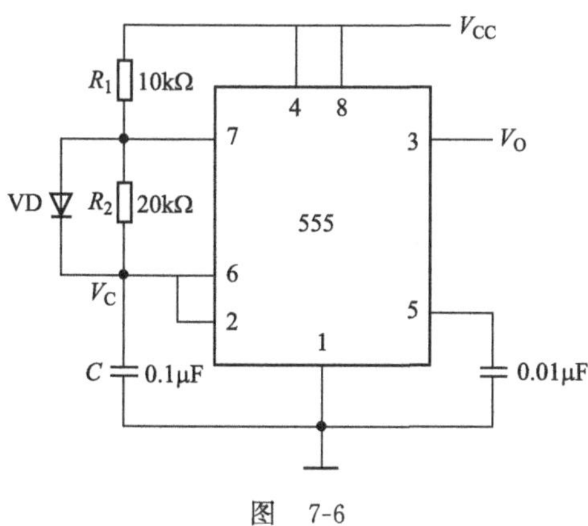

图　7-6

7.2 集成数/模转换器

一、填空

1. 将模拟信号转换为数字信号应采用__________转换器。将数字转换成为模拟信号应采用__________转换器。

2. 和 T 型电阻 D/A 转换器相比，倒 T 型电阻 D/A 转换器的优点是________。

3. DAC0832 是一个具有 20 个引脚的 D/A 转换芯片，其作用是将 8 位________转换为 1 路________。

4. DAC0832 芯片内具有一个 R-2R 倒 T 型电阻译码网络组成的________DAC 和两级寄存器。

二、选择

1. 对于 8 位 D/A 转换器，当输入数字量只有最低位为 1 时，输出电压为 0.02V；若输入数字量只有最高位为 1 时，则输出电压为（　　）V。

A. 0.039　　B. 2.56　　C. 1.27　　D. 都不是

2. D/A 转换器的主要参数有（　　）、转换精度和转换速度。

A. 分辨率　　B. 输入电阻　　C. 输出电阻　　D. 参考电压

3. 图 7-7 所示 R-2R 网络型 D/A 转换器的转换公式为（　　）。

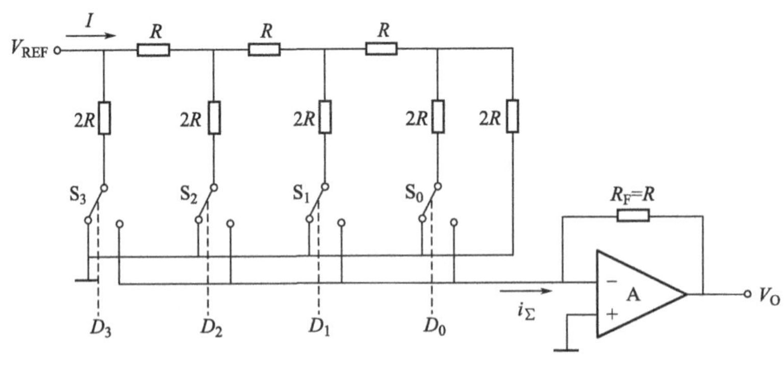

图　7-7

A. $V_O=-\frac{V_{REF}}{2^3}\sum_{i=0}^{3}D_i\times 2^i$　　B. $V_O=-\frac{2}{3}\frac{V_{REF}}{2^4}\sum_{i=0}^{3}D_i\times 2^i$

C. $V_O=-\frac{V_{REF}}{2^4}\sum_{i=0}^{3}D_i\times 2^i$　　D. $V_O=\frac{V_{REF}}{2^4}\sum_{i=0}^{3}D_i\times 2^i$

三、计算

1. n 位权电阻型 D/A 转换器如图 7-8 所示。

(1) 试推导输出电压 V_O 与输入数字量的关系式；

(2) 若 $n=8$，$V_{REF}=-10$V 时，输入数码为 20H，试求输出电压值。

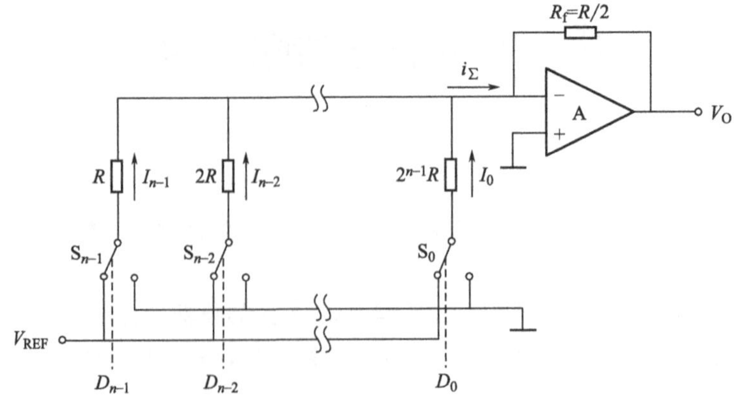

图　7-8

2. 10 位 R-2R 网络型 D/A 转换器如图 7-9 所示。

(1) 求输出电压的取值范围。

(2) 若要求输入数字量为 200H 时，输出电压 $V_O=5V$，V_{REF} 应取何值？

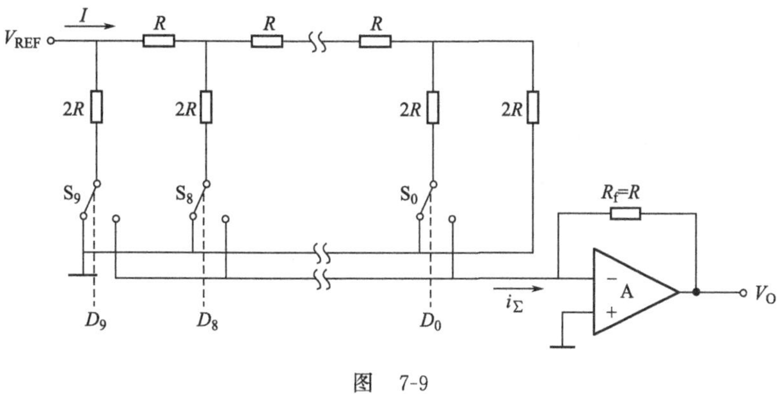

图　7-9

3. 已知 R-2R 网络型 D/A 转换器 $V_{REF}=+5V$，试分别求出 4 位 D/A 转换器和 8 位 D/A 转换器的最大输出电压，并说明这种 D/A 转换器的最大输出电压与位数的关系。

4. 在 DAC0832 中：

(1) 若输入数字量 $D=(10000000)_2$ 时，输出模拟电压 $U_A=3.2V$，求 $D=(10101000)_2$ 时的输出模拟电压 $U_A=?$

(2) 若该 8 位 DAC 的最大输出电压是 9.945V，当输入代码 $D=(10111001)_2$ 时，输出的电压 $U_A=?$

5. 由 555 定时器、3 位二进制加计数器、理想运算放大器 A 构成如图 7-10 所示电路。设计数器初始状态为 000，且输出低电平 $V_{OL}=0V$，输出高电平 $V_{OH}=3.2V$，R_d 为异步清零端，高电平有效。

(1) 说明虚框 (1)、(2) 部分各构成什么功能电路？

(2) 虚框 (3) 构成几进制计数器？

（3）对应 CP 画出 V_O 波形，并标出电压值。

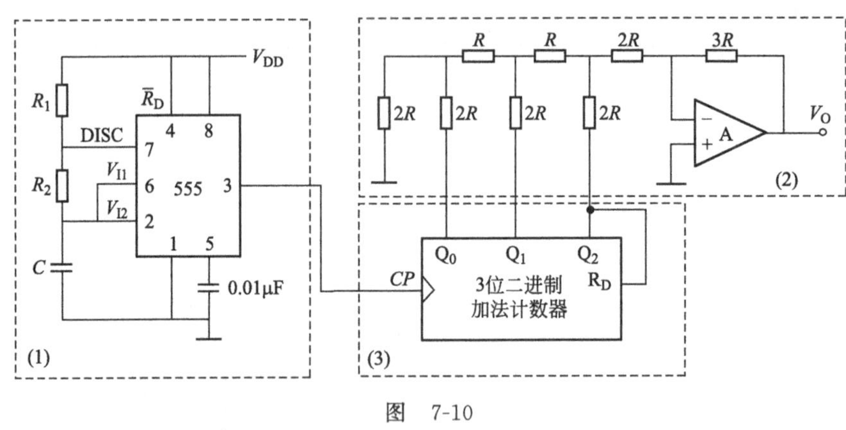

图 7-10

6. 对于一个 8 位 D/A 转换器：

（1）若最小输出电压增量 V_{LSB} 为 0.02V，试问：当输入代码为 01001101 时，输出电压 V_O 为多少伏？

（2）假设 D/A 转换器的转换误差为 1/2 LSB，若某一系统中要求 D/A 转换器的精度小于 0.25%，试问该 D/A 转换器能否应用？

四、问答

1. D/A 转换器可能存在哪几种转换误差？试分析误差的特点及其产生的原因。

2. 比较权电阻型、R-2R 网络型、权电流型等 D/A 转换器的特点，结合制造工艺、转换精度和转换速度等方面进行比较。

7.3 集成模/数转换器

一、填空

1. A/D 转换过程有__________、__________、__________、__________四个步骤。采样频率至少应是模拟信号最高频率的__________倍。

2. 在 A/D 转换中，量化的方式有__________及__________两种。

3. A/D 转换器的分辨率为__________，与转换的__________有关。__________愈多，精度愈__________。

4. 设满量程输入为 1V，转换位数为 10 位，则 A/D 转换器最小可分辨的电压为__________，分辨率为__________。

5. 如果将一个最大幅值为 5.1V 的模拟信号转换为数字信号，要求模拟信号每变化 20mV 能使数字信号最低位（LSB）发生变化，应选用__________位的转换器。

6. 就逐次逼近型和双积分型两种 A/D 转换器而言，__________的抗干扰能力强，__________的转换速度快。

7. A/D 转换器两个最重要的指标是__________和__________。

二、选择

1. ADC 的量化单位为 s，用舍尾取整法对采样值量化，则其量化误差 ε_{max}＝(　　)。

A. 0.5s　　B. 1s　　C. 1.5s　　D. 2s

2. 在 A/D 转换电路中，输出数字量与输入的模拟电压之间（　　）关系。

A. 成正比　　B. 成反比　　C. 无

3. 集成 ADC0809 可以锁存（　　）模拟信号。

A. 4 路　　B. 8 路　　C. 10 路　　D. 16 路

4. 双积分型 ADC 的缺点是（　　）。

A. 转换速度较慢　　B. 转换时间不固定

C. 对元件稳定性要求较高　　D. 电路较复杂

三、计算

1. 在 A/D 转换器中，取量化单位为 Δ，把 0～10V 的模拟电压信号转换为 3 位二进制代码。若最大量化误差为 Δ，要求按表 7-1 表示模拟电平与二进制代码的关系，并指出 Δ 的值。

表 7-1

模拟电平	二进制代码
	000
	001
	010
	011
	100
	101
	110
	111

2. 已知一个 6 位并行比较型 A/D 变换器，为量化 0～5V 电压，量化值 Δ 应为多少？共需多少个比较器？工作时，是否要取样保持电路？为什么？

3. 图 7-11(a) 所示为一个 4 位逐次逼近型 A/D 转换器，其 4 位 D/A 输出波形 V_O 与输入电压 V_I 分别如图 7-11(b) 和 (c) 所示。

(1) 转换结束时，图 7-11(b) 和 (c) 的输出数字量各为多少？

(2) 若 4 位 A/D 转换器的输入满量程电压 $V_{FS}=5V$，估计两种情况下的输入电压范围各为多少。

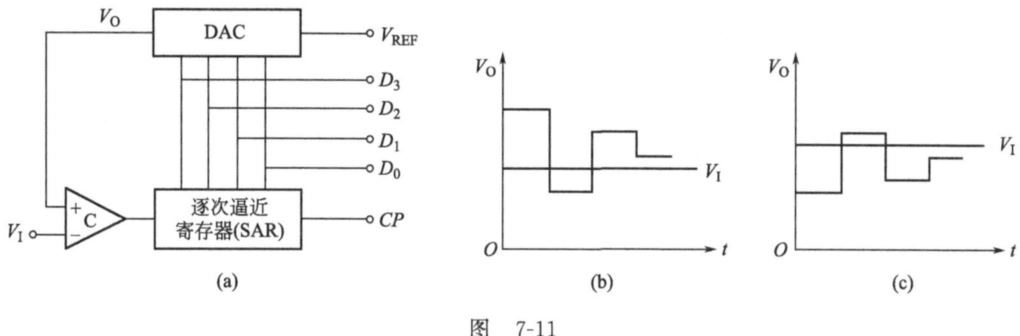

图　7-11

4. 计数式 A/D 转换器框图如图 7-12 所示。D/A 转换器输出最大电压 $V_{omax}=5V$，V_I 为输入模拟电压，X 为转换控制端，CP 为时钟输入。转换器工作前，$X=0$，R_D 使计数器清零。已知 $V_I>V_O$ 时，$V_C=1$；$V_I\leqslant V_O$ 时，$V_C=0$。当 $V_I=1.2V$ 时，试问：

(1) 输出的二进制数 $D_4D_3D_2D_1D_0=$？

(2) 转换误差为多少？

(3) 如何提高转换精度？

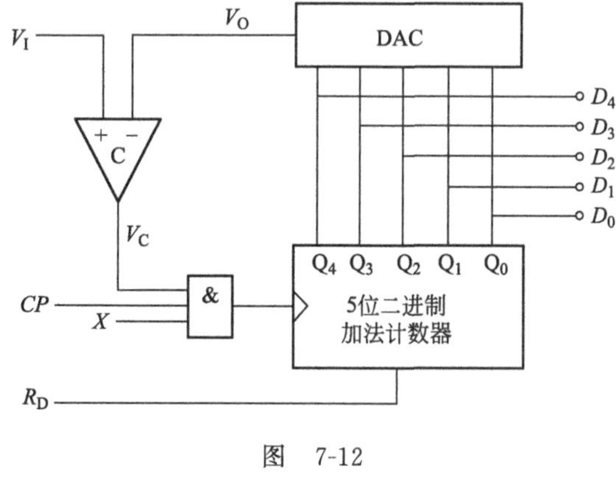

图　7-12

5. 10 位双积分型 D/A 转换器的基准电压 $V_{REF}=8V$，时钟频率 f_{CP} 为 1MHz，则当输入电压 $V_I=2V$ 时，完成 A/D 转换器所需要的时间是多少？

6. 双积分式 A/D 如图 7-13 所示。

(1) 若被测电压 $V_{I(max)}=2V$，要求分辨率≤0.1mV，则二进制计数器的计数总容量

N 应大于多少？

（2）需要多少位的二进制计数器？

（3）若时钟频率 f_{cp}＝200kHz，采样保持时间为多少？

（4）若 f_{CP}＝200kHz，$|V_I| < |V_{REF}|$＝2V，积分器输出电压的最大值为5V，此时积分时间常数 RC 为多少毫秒？

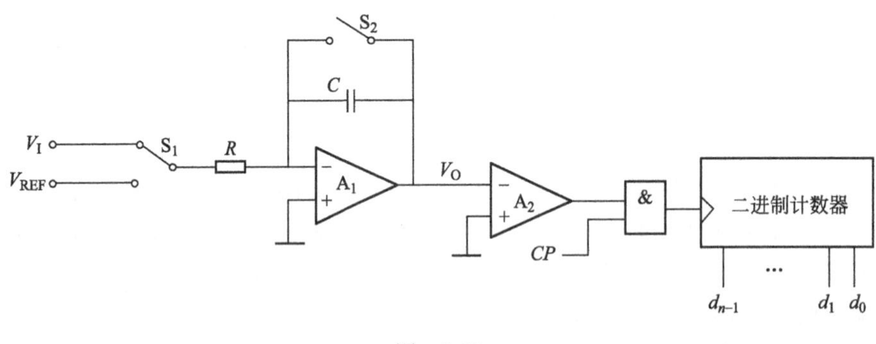

图 7-13

四、问答

1. Σ-Δ 模/数（A/D）转换器中包括哪些主要部分？它们各起什么作用？

2. 从精度、工作速度和电路复杂性，比较逐次逼近、并行比较和Σ-Δ 型 A/D 转换器的特点。

7.4 半导体存储器与可编程逻辑器件

一、填空

1. 存储器的________和________是反映系统性能的两个重要指标。

2. ROM 用于存储固定数据信息，一般由________、________和________三部分组成。

3. 随机读写存储器不同于 ROM，它不但能读出所存信息，而且能够写入信息。根据存储单元的工作原理，分为________和________两种。

4. PROM 和 ROM 的区别在于它的或阵列是________的。

5. 动态存储器（DRAM）存储单元是利用________存储信息的，静态存储器（SRAM）存储单元是利用________存储信息的。

6. 半导体存储器按读、写功能分成________和________两大类。

7. RAM 电路通常由________、________和________三部分组成。

8. ROM 可分为________、________、________和________几种类型。

9. ROM 只读存储器的电路结构中包含________、________和________共三个组成部分。

10. 存储器的扩展有________和________两种方法。

11. PAL 的常用输出结构有________、________、________和________四种。

12. 字母 PAL 代表________。

二、选择

1. 存储器中可以保存的最小数据单位是（　　）。

A. 位　　B. 字节　　C. 字

2. ROM 是（　　）存储器。

A. 非易失性　　B. 易失性　　C. 读/写　　D. 以字节组织的

3. 数据通过（　　）存储在存储器中。

A. 读操作　　B. 启动操作　　C. 写操作　　D. 寻址操作

4. 具有 256 个地址的存储器有（　　）地址线。

A. 256 条　　B. 6 条　　C. 8 条　　D. 16 条

5. 可以存储 256 字节数据的存储容量是（　　）。

A. 256×1 位　　B. 256×8 位　　C. 1K×4 位　　D. 2K×1 位

6. 如果用 2K×16 位的存储器构成 16K×32 位的存储器，需要（　　）片。

A. 4　　B. 8　　C. 16

7. 若将 4 片 6116 RAM 扩展成容量为 4K×16 位的存储器，需要（　　）根地址线。

A. 10　　B. 11　　C. 12　　D. 13

8. PAL 与 PROM、EPROM 之间的区别是（　　）。

A. PAL 的与阵列可充分利用

B. PAL 可实现组合和时序逻辑电路

C. PROM 和 EPROM 可实现任何形式的组合逻辑电路

9. 具有一个可编程的与阵列和一个固定的或阵列的 PLD 为（　　）。

A. PROM　　B. PLA　　C. PAL

10. 一个三态缓冲器的三种输出状态为（　　）。

A. 高电平、低电平、接地

B. 高电平、低电平、高阻态

C. 高电平、低电平、中间状态

11. GAL 具有（　　）。

A. 一个可编程的与阵列、一个固定的或阵列和可编程输出逻辑

B. 一个固定的与阵列和一个可编程的或阵列

C. 一次性可编程与或阵列

D. 可编程的与或阵列

12. 如果一个 GAL16V8 需要 10 个输入，那么，其输出端的个数最多是（　　）。

A. 8 个　　B. 6 个　　C. 4 个

13. 若用 GAL16V8 的一个输出端来实现组合逻辑函数，此函数可以是（　　）与项之和的表达式。

A. 16 个　　B. 8 个　　C. 10 个

三、计算

1. 某台计算机系统的内存储器设置有 20 位地址线，16 位并行输入/输出端。试计算它的最大存储容量。

2. 试用 4 片 2114（1024×4 位的 RAM）和 3-8 译码器，组成 4096×4 位的存储器。

3. 试用 4 片 2114 RAM 连接成 2K×8 位的存储器。

4. PROM 实现的组合逻辑函数如图 7-14 所示。

（1）说明当 ABC 取何值时，函数 $F_1=F_2=1$。

（2）当 ABC 取何值时，函数 $F_1=F_2=0$。

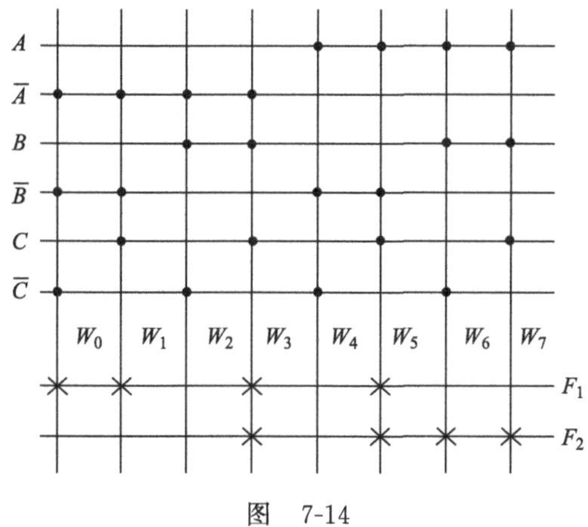

图　7-14

5. 用 PROM 实现全加器，画出阵列图，确定 PROM 的容量。

6. 用 PROM 实现下列多输出函数，画出阵列图。

$$F_1=\overline{B}\,\overline{C}\,\overline{D}+\overline{A}\,\overline{B}C+A\overline{B}C+\overline{A}BD+ABD$$

$$F_2=B\overline{D}+A\overline{B}D+\overline{A}C\,\overline{D}+\overline{A}\,\overline{B}\,\overline{D}+A\overline{B}C\overline{D}$$

$$F_3=\overline{A}\,\overline{B}\,\overline{C}D+\overline{A}\,\overline{C}D+ABC\,\overline{D}+A\overline{B}CD+A\overline{B}C$$

$$F_4=BD+\overline{B}\,\overline{D}+ACD$$

7. 试用 GAL16V8 实现一个 8421 码十进制计数器。

四、问答

1. 存储器有哪些分类？各有何特点？

2. ROM 和 RAM 的主要区别是什么？它们各适用于哪些场合？

3. 静态存储器 SRAM 和动态存储器 DRAM 在电路结构和读写操作上有何不同？

4. PAL 器件的结构有什么特点？

5. 描述 PAL 与 PROM、EPROM 之间的区别。

6. 任何一个组合逻辑电路都可以用一个 PAL 来实现吗？为什么？

参考文献

[1] 秦曾煌.电工学简明教程.北京:高等教育出版社,2011.

[2] 童诗白,华成英.模拟电子技术基础.第四版.北京:高等教育出版社,2006.

[3] 赵翱东.数字电子技术.北京:化学工业出版社,2009.

[4] 王幼林.电工电子技术实验与实践指导.北京:机械工业出版社,2015.

[5] 桑林,邳志刚.电工与电子技术实验教程.北京:化学工业出版社,2016.